U0209838

岩土工程监测分析及信息化设计实践

王　浩　覃卫民　焦玉勇　王成汤　著

国家重点基础研究发展计划(973计划)资助项目(2011CB710602)

科学出版社

北　京

内 容 简 介

本书介绍岩土工程监测的数据分析、反馈方法以及相关软件开发设计要点。全书共6章。第1章介绍岩土工程安全监测的目的、意义、历史、现状及发展趋势，重点介绍数据分析和软件开发的现状和发展趋势。第2章介绍岩土工程监测工作的基本流程及相关规程综述。第3章介绍监测设计的基本原则，并以地下工程与边坡工程为实例进行说明。第4章介绍监测数据分析反馈的方法，包括数据分析需要收集的资料、分析的基本流程、异常的判断和处理、时间空间上的一致性分析、相关性分析方法，以及监测成果的反馈。第5章介绍信息化软件设计技术，包括岩土工程监测软件开发的必要性、设计原则、主要功能及部分程序片段。第6章融合前5章内容介绍了一个实例。

本书可供铁路、公路、港口、水利电力、矿山、市政等从事岩土工程的技术人员参考，也可作为岩土工程相关专业的本科生及研究生教材或参考书。

图书在版编目(CIP)数据

岩土工程监测分析及信息化设计实践/王浩等著. —北京：科学出版社，2019.7

ISBN 978-7-03-061769-9

Ⅰ.①岩… Ⅱ.①王… Ⅲ.①岩土工程-监测-分析②岩土工程-应用软件-软件设计 Ⅳ.①TU4

中国版本图书馆CIP数据核字(2019)第132371号

责任编辑：刘信力／责任校对：邹慧卿
责任印制：徐晓晨／封面设计：陈 敬

科学出版社出版
北京东黄城根北街16号
邮政编码：100717
http://www.sciencep.com

北京虎彩文化传播有限公司印刷
科学出版社发行 各地新华书店经销
*
2019年7月第 一 版 开本：720×1000 B5
2020年10月第三次印刷 印张：10 插页：2
字数：190 000

定价：78.00元

(如有印装质量问题，我社负责调换)

前　　言

国内交通、市政、水利、矿山等土木工程基础设施建设长期处于高速发展态势，由于地质条件、周边环境和工程本身的复杂性，重大工程建设中的安全事故时有发生，比如地铁基坑坍塌等，严重威胁人民生命财产安全。不同于人工材料如金属结构和混凝土等，其岩土材料具有天然的非均质、各向异性及多场耦合等特性，现阶段还没有可靠的理论来准确地预测岩土工程建设中的风险；因此，工程建设中必须依靠贯穿于施工过程的安全监测，通过埋设传感器，监测工程结构、周边环境在施工过程中的应力和变形等动态响应，分析监测数据，判断安全状态和实现风险预警。

但是，当前监测工作普遍存在重视数据采集、轻视数据分析的局面；客观上数据采集的门槛越来越低，但对分析人员的要求越来越高；主观上重采集、轻分析的现象一直存在，监测工作未能发挥应有的作用。一些监测单位只重视数据采集和提交简单报表，忽视了成果分析、解释和反馈，直接导致花费了大量人力物力采集的数据没有得到充分及有效的应用，同时也给工程带来了潜在的风险。

事实上，岩土工程监测工作中数据采集是基础，数据分析和解释才是关键。监测工作的难点在于从大量、繁杂、结构各异、多源的数据中挖掘观测量之间、效应量和原因量之间、观测量与施工过程之间的相关关系，进而动态判断施工过程中的风险，提出处置建议措施。

因此，本书从土木工程现场的实际需求出发，介绍岩土工程监测成果数据的分析过程、分析方法，以及如何将成果反馈指导施工，系统地介绍岩土工程监测数据分析流程、主要方法及笔者所开发软件的功能，可作为岩土工程现场监测人员数据处理与分析的工具书，也可供相关工程技术人员参考。

目　　录

第1章 绪 论

1.1 岩土工程安全监测的目的及意义

重大岩土工程建设如大坝、地下洞室、隧道和深基坑等涉及的场地地质条件、施工工序复杂及周边环境复杂，受岩土力学理论、技术和经济条件的限制，目前难以在设计阶段就准确可靠地预测和评估岩土体、结构物及周边环境在施工、运行过程中的动态响应。因此，岩土工程的安全不仅取决于合理的设计、施工，而且在很大程度上取决于贯穿于工程始终的安全监测。

对重大工程来说，忽视必要的安全监测工作，其后果是灾难性的。国内外都不缺乏这方面惨痛的教训：如 1959 年法国 67m 高的 Malpasset 拱坝的溃坝和 1963 年意大利 262m 高的 Vajont 水库库岸滑坡造成的涌浪所引发的灾难性事故。地质灾害如滑坡、崩塌等的预防，同样离不开安全监测。1985 年 6 月 12 日发生在长江三峡的新滩滑坡，2000 万 m^3 的堆积体连带新滩古镇滑入江中却无一伤亡，根据安全监测做出的准确预报功不可没。

处于西部大开发热潮中的我国西南部和西北部，历来都是地质灾害多发区，如地震频发、多山、地质复杂特殊。铁路、高速公路、高坝的兴建将会面临一系列的岩土工程问题。另外，新中国成立以来兴建的工程多数已进入维修期和老化期，安全隐患日渐突出。所有这些，都期待着开展增强风险预防能力的安全监测。

安全监测为保证工程安全提供了科学依据；为设计的调整和指导施工提供了可靠资料；在出现纠纷时提供科学证据；同时，监测成果还深化了对岩土介质物理力学性质的认识，为提高岩土工程的理论和技术水平积累了丰富的经验，是达到信息化施工的关键环节。

自 20 世纪 60 年代新奥法正式提出以来，监测就是新奥法的一个重要组成部分，通过对围岩和支护结构的动态监测，使施工和设计成为一个可以随现场实际情况变化的动态过程。新奥法在我国更多地被称之为锚喷法，近 40 年来国内在许多隧道的修建中，根据自己的特点成功地应用了新奥法，并于 1986 年在北京地铁修建中创造性提出了“浅埋暗挖法”技术，这些方法同样十分强调现场监测。

20 世纪 90 年代以后，岩土工程施工逐步迈向信息化时代，信息化施工的核心在于设计方案、施工方法与工序不再维持一成不变。在整个工程施工期，可以根据地质和监测情况对设计和施工方案进行动态调整，以达到经济合理、安全可靠的目的。信息化施工的关键环节在于快速监测和实时反馈，正是通过监测工作才真正将施工和设计联系起来成为一个交互的整体。在信息化施工过程中，设计人员最好同时也是监测人员，通过掌握第一手的原始资料，熟悉整个监测情况和数据的可靠程度，便于设计人员在后续设计中对数据进行判断与取舍，才能使监测数据真正发挥作用，实现信息化施工。

岩土工程监测涉及的领域十分广泛，包括水利电力工程、铁路、公路交通、矿山、城市建设、国防建设、港口建设、地下空间开发与利用等，在国民经济中发挥着巨大作用。

1.2　岩土工程安全监测国内外现状

岩土工程监测按开展监测的时间分为施工期监测和运营期监测；按监测对象(所监测的工程建筑物类型) 分为大坝监测、地下洞室监测、隧道 (洞) 监测、地铁监测、基坑监测、边坡监测、支档结构监测等；按影响因素分为对人类工程活动进行的监测、自然地质灾害监测 (如滑坡、崩塌) 等。

岩土工程安全监测项目种类很多，具体到每个工程根据其工程类型、场地地质和施工情况监测项目有所不同。按监测物理量的类型一般可以分为变形监测、应力(压力) 应变监测、渗流监测、温度监测和动态监测等。按监测变量分为原因量和效应量监测。原因量即环境参量，由于它们的变化引起建筑物性态的变化；效应量是建筑物对原因量变化而产生的响应。表 1-2-1 是地下工程监测中常规情况下的监测项目。

岩土工程安全监测是随着人们总结岩土工程事故教训的过程中逐渐发展起来的，首先人们认识到需要对事故发生之前的信息进行监测、分析和判断，力争防患于未然；其次，由于岩土体的复杂性以及岩土力学理论的不成熟，导致有关岩土工程安全问题更多地依靠测试和观测。所以，人们越来越多地把工程安全情况的判断寄希望于工程建设过程中和竣工后的原位测试。

安全监测工作始于坝工建设，第一次进行外部变形观测的是德国建于 1891 年的埃施巴赫坝，瑞士在 1920 年首次用大地测量方法观测大坝变形，1903 年美国 Boonton 重力坝温度观测是最早采用专门的仪器进行观测，随着差动电阻式传感器的发明，20 世纪 30 年代欧美国家逐步广泛开展监测工作。

我国的安全监测工作也始于坝工建设，20 世纪 50 年代初在丰满、佛子岭和梅山等混凝土坝进行了位移、沉降等观测工作，随后在上犹江、响洪甸坝埋设了温度计、应变计和应力计等，50 年代末期在新安江、三门峡等大型混凝土坝开展较大规模的工作。

岩土工程监测技术主要受硬件和软件两个方面的条件制约，包括监测仪器、监测资料的整理分析及成果反馈。

岩土工程监测主要依靠精密的仪器进行，监测设计的原则是以最小的代价获取最重要的安全信息。一个完整的监测工程设计需要考虑监测项目的确定、仪器选型、仪器布置和优化、仪器埋设技术与观测方法、观测资料的整理分析、预测预报和反馈指导施工等方面。

表 1-2-1　地下工程常规监测项目表

	监测项目	监测目的	采用仪器	备注
原因量监测	环境因素	大气条件	气温计、气压计、雨量计	温度、气压、降水
	开挖进尺	掌握施工进度	全站仪、激光测距仪、卷尺	水平开挖步长和垂向分层高度
	爆破	了解爆破对围岩和支护结构的影响	速度计、加速度计	质点振动速度与加速度
	地质和施工情况	掌子面揭露的地质情况，掌子面前方未开挖段超前地质预报，开挖和支护情况	目测素描、数码相机、罗盘、地质雷达(GPR)、地震波反射法 (TSP)，浅层地震仪等	巡视检查，超前地质勘探
效应量监测	围岩内部位移和变形监测	围岩内部位移(水平和轴向)和松动区范围	多点位移计，钻孔测斜仪，滑动测微计，声波仪，阵列式空间和位移测量系统(SAA)	
	表面位移	围岩表面位移 (收敛，拱顶下沉，仰拱隆起)	收敛计，全站仪，水准仪，近景摄影测量，隧道断面仪	包括收敛计测得的相对位移以及全站仪测得的三维绝对位移
	应力应变	岩体应力、支护结构应力 (喷层、二次衬砌、钢拱架、砼应力)	应力计、应变计、锚杆应力计，锚索测力计	包括差阻式、振弦式与光纤传感器
	渗流、地下水	渗流量、渗压、地下水位	量水堰，渗压计、水位计	
	荷载	围岩与支护间接触压力，锚杆 (索) 拉力	压力计，锚杆 (索) 测力计	
	裂缝	接触缝、裂缝、结构面	裂缝计	
	温度	岩土体或结构物温度	温度计	
	周边环境	地表沉降、建筑物变形	全站仪，水准仪，经纬仪，测斜仪，分层沉降仪，静力水准仪	地表和建筑物

1.2.1　监测仪器的发展

岩土工程监测中常用的内观传感器分为以下几类：差动电阻式、振弦式、差动电容式、差动电感式、步进马达式、CCD 式以及最新发展起来的光纤传感器。外观变形主要采用各种大地测量仪器如精密经纬仪、水准仪、全站仪等。

目前，传统的应力、应变等监测技术逐渐无法胜任现代岩土工程越来越复杂的研究对象和日趋复杂的使用环境，涌现出了以光纤测试技术、GNSS、CT 法为代表的现代信息和监测技术。利用高性能智能传感组件、无线传输网络和信号采集系统，采用多参量、多传感组件，数据智能处理与数据动态管理方法，进行实时监测、安全预警和可靠性预测成为监测仪器的发展方向。

1.2.1.1　内观传感器

1932 年美国卡尔逊发明了差动电阻式传感器，成为 20 世纪 70 年代以前最广泛使用的仪器；德国谢弗于 1919 年发明了最早的钢弦式仪器，但直到 70 年代随着微电子技术、半导体技术的发展出现高精度频率计后才开始流行。由于弦式仪器的精度和灵敏度都高于差动电阻式仪器，并且结构简单，容易实现自动巡检，因此近年来弦式仪器的发展很快。国外传感器性能较稳定，但价格昂贵。比较有名的有美国 Geokon、Sinco 公司和加拿大 Rocktest 公司的产品。

国内在 1958 年中国水利水电科学研究院开始研制和生产差动电阻式仪器，1968 年南京电力自动化设备厂开始生产差动电阻式应变计、测缝计、钢筋计等，经过几十年的努力，我国在差动电阻式、电容式、钢弦式等十多种监测仪器在性能和自动化程度方面都取得了很大改进和发展，生产厂家众多，总体上满足实际需要，在价格方面有明显优势，特别是进入 21 世纪以来，国内振弦式传感器的生产厂家如雨后春笋般涌现，而且在质量、稳定性、耐久性等方面都有了大幅度提高。

20 世纪 80 年代以来，结合一些重大工程研究和确定了一批可供选型的仪器，对这些仪器的技术指标、适用条件、稳定性等也有了评定标准，仪器的安装埋设与观测的标准化、程序化和质量控制措施也在逐步地形成、完善。相继编制了多种、多专业建筑物安全监测规程、规范、指南和手册，如《混凝土大坝安全监测技术规范》DL/T5178—2016，《土石坝安全监测技术规范》SL551—2012。

1.2.1.2　测量机器人和 GNSS

以前外观变形主要采用各种大地测量仪器如经纬仪、水准仪，现在已经开始采用变形自动监测系统 (测量机器人) 进行，它以马达驱动的电子全站仪 (如瑞士 Leica TS60、TS50 和 TS30 全站仪) 为基本平台，再加上计算机及相关软件组成，能对多个目标进行自动识别、照准、跟踪、测角和测距，大大提高了工作效率。如高改萍等介绍了测量机器人在三峡船闸高边坡的应用情况。

全球卫星导航定位技术 (Global Navigation Satellite System，GNSS) 目前已基本取代了地基无线电导航、传统大地测量和天文测量导航定位技术，并推动了大地测量与导航定位领域的全新发展。当今世界上进入实质性的运作阶段的有 4 大 GNSS 系统：美国 GPS、俄罗斯 GLANESS、欧盟 GALILEO 和中国北斗卫星导航系统 BDS。

在国内，GPS 和 BDS 可以在任何位置，可任何时刻为用户连续地提供动态三维位置、三维速度和时间信息，实现全天候连续实时导航、定位和授时。GNSS 已在大地测量、精密工程测量、地壳形变监测、石油勘探等领域得到广泛应用。

利用 GNSS 定位技术进行变形监测是一种先进的高科技监测手段，目前精密 GNSS 测量平差后控制点的平面位置精度可达 1~2 mm，高程精度可达 2~3 mm。这为大坝外观自动化监测提供了一种新方法。GNSS 完全可代替常规的监测方法用于高精度的外观变形监测。对于观测精度要求较低的滑坡体外观变形监测，可以采用 GNSS 快速静态相对定位方法 (RTK)。

何秀凤等成功研制了 GNSS 多天线转换开关，能够将多个 GNSS 天线与 1 台 GNSS 接收机相连接，通过该开关的逐个切换实现一台接收机监控多个测点，有效地降低了 GNSS 的总体使用成本。

1.2.1.3 光纤传感器技术

光导纤维是由不同折射率的石英玻璃包层及石英玻璃细芯组合而成的纤维，自 20 世纪 70 年代以来，光纤监测技术伴随着光导纤维及光纤通信技术的进步而迅速发展起来。光纤易受到外界环境 (温度、压力等) 的影响，从而导致光在传输过程中传输光的强度、相位、频率、偏振态等光波量发生变化，通过监测这些量的变化可以获得相应的物理量。测试时将来自光源的光信号经过光纤送入调制器，使待测参数与进入调制区的光相互作用后，导致光的光学性质 (如光的强度、波长、频率、相位、偏振态等) 发生变化，成为被调制的信号源，在经过光纤送入光探测器，经解调后，获得被测参数。

光纤监测技术包括点式光纤传感器和分布式光纤，与传统监测技术相比，光纤监测技术具有一系列独特的优点：

(1) 光纤传感器以光信号作为载体，光纤为媒质，光纤的纤芯材料为二氧化硅，因此光纤该传感器具有耐腐蚀、抗电磁干扰、防雷击等特点。

(2) 光纤本身轻细纤柔，光纤传感器的体积小、重量轻，不仅便于布设安装，而且对埋设部位的材料性能和力学参数影响甚小，能实现无损埋设。

(3) 灵敏度高，可靠性好，使用寿命长。

分布式光纤监测技术除了具有以上的特点外，还具有以下两个显著的优点：

(1) 可以准确地测出光纤沿线任一点的监测量，信息量大，成果直观。

(2) 光纤既作为传感器，又作为传输介质，结构简单，不仅方便施工，潜在故障大大低于传统技术，可维护性强，而且性能价格比好。

目前国际上应用比较多的光电传感技术包括：基于自发和受激布里渊散射原理的全分布式光纤传感时域技术 (BOTDA 和 BOTDR)、基于拉曼背向散射原理的全分布式光纤传感时域和频域技术 (ROTDR 和 ROFDR)、基于瑞利散射的全分布式光纤传感技术 (如 OTDR、OFDA) 以及基于光纤布拉格光栅 (FBG) 的准分布式光纤传感技术等。

FBG 是一种使用频率最高、范围最广的光纤传感器，这种传感器能根据环境温度以及/或者应变的变化来改变其反射的光波的波长。光纤布拉格光栅是通过全息干涉法或者相位掩膜法来将一小段光敏感的光纤暴露在一个光强周期分布的光波下面。这样光纤的光折射率就会根据其被照射的光波强度而永久改变。这种方法造成的光折射率的周期性变化就叫做光纤布拉格光栅。

从监测内容看，光纤传感器的应用范围很广，包括位移、震动、转动、压力、弯曲、应变、速度、加速度和温度等物理量的测量，几乎涉及国民经济和国防上所有重要领域和人们的日常生活，尤其可以安全有效地在恶劣环境中使用，解决了许多行业多年来一直存在的技术难题，具有很大的市场需求。我国从 20 世纪 90 年代后期在新疆石门子水库首次利用分布式光纤监测技术测量碾压砼拱坝温度以来，至今已有许多工程应用，如水电、交通、地质灾害等领域，并取得了较好的效果。其中包括施斌在三峡库区滑坡监测、黄润秋在西南地区地质灾害监测以及陈卫忠等在南京过江通道监测中都使用了光纤传感器。

当前，分布式光纤监测系统是发展的方向，在建和拟建的水电水利工程，如锦屏一级、拉西瓦等水电站都正在或计划采用分布式光纤监测系统。并且，我国已有大量专门从事分布式光纤监测仪器设备制造公司，发展极为迅速。

1.2.1.4　非量测相机的近景摄影测量技术

为了克服现有的表面变形测量手段具有只能获得单点信息、观测工序复杂，耗时长、影响现场施工等缺点，以数字化近景摄影测量为代表的非接触测量方法在土木工程安全监测领域受到了广泛的重视，其独有的特色如下：①能快速获得结构变形和移动瞬间的整体信息，可提供整体大面积的变形测量结果，而常规测量往往不能获得同一时刻的全部测量数据，工作量比大地测量方法少很多；②是一种遥感方法，可实现非接触三维测量，非常适于复杂的施工现场条件。

随着数字化近景摄影测量技术的发展，近景摄影进入了一个新的发展阶段。在实际工作中开始大量使用非量测 CCD 相机，基于计算机进行数字化图像处理，摒弃了复杂昂贵的摄影测量相机和专用设备，使近景摄影测量的应用更加方便。目前使用摄影测量相机在 50 m 的摄影距离内，使物方标志点的量测精度达到了 1 mm;

田胜利等使用非量测相机在小湾地下厂房与全站仪 (TCA2003) 进行同时观测得到的点位均方根误差小于 3mm，而内符精度 (通过间隔很短的两期观测成果的比较) 得到点位均方根误差小于 2.5mm。李天子等在 2013 年使用高精度几何标定的非量测相机，采用多基线极限倾角的数字近景摄影测量技术，用于监测平面地表变形，平差后精度可以达到毫米级。可以预计，如果非量测相机近景摄影测量的精度能够得到进一步提高，必将会得到更广泛的应用。

1.2.2 监测资料自动采集系统

对于埋设了大量仪器的重大工程监测 (如三峡工程有 6000 多个测点/仪器，小浪底有 3000 个)，对所有的测点/仪器实行人工测读是一笔很大的开销，同时也不能实时了解工程的安全状况，因此必须对重要部位采用自动化监测系统，满足监测系统的 “无人值班，少人值守” 要求，及时处理突发性事件。这也是监测向自动化、信息化的发展趋势。

自动化监测系统一般由 5 部分组成。①传感器层：具有自动监测功能的监测仪器和埋设于被监控对象中的传感器；②数据自动采集单元层：数据智能测控模块自动对各种传感器进行实时数据采集、在线复验、存储和数据传输；③现场监控终端层：包括数据通道控制器与数据通信器相连接构成现场网络通信结构，控制数据自动采集单元层进行数据采集，与远程终端层建立通信连接并接受指令，发送数据；④远程监控终端层：由中央控制室主机与远程控制器构成。主机安装了自动监控软件系统。远程控制器与主机相连，系统通过远程控制器与现场监控终端建立数据连接，接收数据和向现场监控终端发送指令；⑤网络层：利用公共电话线路网、无线网络或专线通道，进行加密数据传输与控制。

国外在大坝安全监测领域，从 20 世纪 60 年代开始从事观测自动化研发，70 年代进入实用阶段，有的始于资料管理自动化，有的首先实现采集自动化。目前已经从集中控制型发展到分散控制型监测系统。早期采用便携式测读装置，然后研制出有集中控制和巡检量测的设备，对仪器进行集中式数据采集，采集的数据输入到计算机或者上一级的计算中心处理。80 年代中后期，随着微电子和计算机技术的发展，各国又发展了分布式监控数据采集系统，即在现场设置多台小型化测量控制装置，分别对仪器进行自动监测，并通过数据总线传送到后方控制中心的计算机。如意大利 ISMES (结构与模型试验研究所) 研制的微机辅助监测系统 (MAMS)，GPDAS (General Purpose Data Acquisition Subsystem) 可实现数据采集、校验、存储和传输，并具有快速在线判断和报警功能。美国 Geomation 公司的 2300 系统，Rocktest 公司的 SENS-LOG Data Acquisition System 系统和 Sinco 公司的 IDAS (Intelligent Data Acquisition System) 系统。自动化系统能胜任多测点密测次的观测，提供在时间和空间上的连续信息，实现数据采集、记录、自检、打印、传输及分析报警等实时安全监控，因此受到各国高度重视，是岩土工程监测的发展方向。

我国的安全监测自动化研制工作起步于从 20 世纪 70 年代中期，中国科学院成都分院研制的第一台差动电阻式应变计自动化检测装置应用于龚咀水电厂；经过“七五攻关”和 20 多年的努力，已经涌现出一批具有相当水平的自动监控系统：如南京自动化研究院研制的 DAMS-4 智能型分布式数据采集系统和 DSIMS 大坝安全监控系统，南京水利水文自动化研究所研制 DG 型分布式大坝安全监测自动化系统等。已经应用于隔河岩、梅山水库、葛洲坝、碧口等水利工程中。

1.2.3 监测数据的分析和反馈

资料整理分析和反馈是岩土工程监测中极其重要的组成部分，再精密的仪器，再全面准确的数据，如果不及时进行整理分析和解释反馈，就对工程和周边环境的安全评价起不到应有的作用，不但造成了极大的浪费，而且严重时不能及时发现安全隐患，造成工程的重大损失。

岩土工程安全监测和资料整理分析工作是与设计方法的验证和改进相关联的，分析反馈的方法主要是利用长时间系列监测资料而建立起来的，因而以监测资料丰富的大坝为研究对象的最多。地下工程由于其结构、荷载、材料特性的复杂性，应用较少，但一些基本的思路是相通的。所以本节主要介绍大坝监测资料分析的成果，兼顾地下工程。另外，由于位移相对应力来说容易监测，精度也较高，因此监测数据的分析、建模和反馈主要采用位移监测成果进行。

位移监测模型有三大类即统计模型 (Statistical model)、确定性模型 (Deterministic model) 和混合模型 (Hybrid model)。1955 年 Fanelli 和 Rocha 开始应用统计回归方法分析大坝变形资料，建立了定量描述大坝效应量 (如变形、渗流、应力等) 与环境变量 (如水位、温度、降雨等) 之间的统计关系的数学表达式。同时，在自变量因子分解形式、回归分析方法等方面获得进展，建立了较成熟的统计模型；在对位移进行拟合预报的同时，也能对其产生和发展原因作一定的物理力学解释。1977 年后，Fanelli 等提出将有限元理论计算值与实测数据相互印证的确定性模型和混合型模型。

20 世纪 70 年代后期，樱井春辅 (S. Sakurai)、Gioda、杨志法和杨林德先后提出反分析法，根据实测资料来反演岩土介质物理力学参数，使之更加符合工程实际，这促使了监测资料更进一步的应用和反馈指导施工。反分析方面包括计算模型、计算参数和计算工况等在理论和实用性方面都取得了较大进展。樱井春辅开发了大型地下洞室的监测资料反馈分析系统，利用有限元反分析方法反演物理力学参数，应用直接应变判别法对洞室的每一台阶开挖的安全稳定状态进行评估。同济大学为广州抽水蓄能电站研制了位移预报与施工监测设计软件，中国电力建设集团成都勘测设计研究院有限公司建立了岩土工程动态信息分析系统，用于岩土开挖释放位移的动态信息整理分析，包括测线回归、优化方程、对位移速率和总位移量的评价等。李晓红提出利用神经网络进行隧道位移智能化反分析。

80 年代以来，随着系统科学的发展，模糊数学、灰色系统、神经网络、时间序列等也逐步在位移模型中得以应用。并出现了综合多测点位移信息进行建模分析的数学模型。目前，葡萄牙、法国、意大利、西班牙和奥地利等国家在大坝安全监测以及相关研究方面处于国际领先水平。

我国大坝安全监测的资料分析工作起步相对较晚，最初以定性分析为主，通过对实测过程曲线和统计特征值进行简单分析以评估大坝的运行状况。1974 年后，陈久宇等开始应用统计回归方法分析大坝安全监测资料，并对分析成果加以物理成因的解释，还对时效变化进行研究，提出了时效变化的指数模型、双曲函数模型、对数模型、线性模型等。80 年代中期，吴中如等从徐变理论出发推导了坝体顶部时效位移的表达式，用周期函数模拟温度、水压等周期荷载，并用非线性最小二乘法进行参数估计；提出了裂缝开合度统计模型的建立和分析方法，坝顶水平位移的时间序列分析法以及连拱坝位移确定性模型的原理和方法，并在实际工程中得到了成功应用；还通过三维有限元渗流分析，建立了渗流测点的扬压力、绕坝渗流测孔水位的确定性模型，用于分析和评价大坝基础及岸坡的渗流性态。

邵乃辰从洞室开挖的时空效应着手，认为影响围岩变形的主要因素是开挖分段、开挖进尺和流变产生的时间效应，并考虑地下水对围岩的影响，以此为原因量因子建立统计模型，取得了较好的效果。杨子文收集分析了国内外已建 90 项地下工程的 136 例实测资料，提出了一项预测地下洞室围岩变形值的经验公式。公式考虑了地下洞室的尺寸、埋深，岩石质量分级，未考虑地应力。黄铭研究了二维分布模型预测重力坝位移；徐梦华等把单测点模型扩展为空间多测点模型。

灰色模型是近年来监测分析的一种常用方法，其主要优点是拟合效果好、对影响因素的表达式不一定要求非常明确且要求的建模数据量不大。靳晓光等采用谭冠军提出的改进的灰色模型进行了隧道围岩位移预报。王琪洁等用“滑动平均去季节性波动”方法和 GM(1,1) 灰色模型预报季节性时间序列，聂亚军提出不等时距的位移序列的灰色预测方法，黄铭等研究了灰色模型在岩体线法变形测量中的应用。

近几年，人工神经网络在大坝观测数据处理与分析方面的应用研究已经开始，尤其是模糊数学与神经网络方法的有机结合，为相关的研究展现了广阔的前景。神经网络模型属于隐式模型，有自组织自适应能力，已有的研究成果表明，用神经网络模型对大坝、洞室、地表沉降等变形等进行拟合，其精度优于传统的统计模型。冯夏庭，孙钧进行了神经网络的综合应用和施工智能控制研究工作。

时间序列分析在岩土工程中应用也很多，比较典型的有史永胜将边坡位移分成确定性位移和随机位移，用时序分析取得了很好的效果；李术才等用非线性时序分析模型进行了地下工程的位移预报。

汪树玉等讨论了应用因素分析法进行大坝监测数据整体分析的数学模型；赵洪波尝试了支持向量机方法在岩土工程中的应用；高玮采用灰色系统和结合神经网络对地下工程变形进行了预测。

1.2.4　监测信息管理、预测预报系统

进入 20 世纪 90 年代以来，岩土工程安全监测手段的硬件和软件发展迅速，监测范围不断扩大，监测自动化系统、信息处理和资料分析系统、安全预报系统也在不断推出和完善，目前在大坝、隧道、基坑、边坡工程中已经涌现出一些监测软件系统，其中又以大坝的系统开发工作最深入。

信息系统可以分 4 个层次：①信息管理；②信息分析；③辅助决策；④安全综合评价专家系统。信息管理的主要功能包括数据库和图形库；信息分析包括数据库、方法库和图形库；辅助决策包括数据库、方法库、知识库和图形库；专家系统包括综合推理机、知识库、数据库、方法库、图库 (图形和图像)，即 “一机四库”。

吴中如、顾冲时、沈振中等提出并开发了建立在 “一机四库” 基础上的大坝安全综合评价专家系统，与自动化采集连接，应用模式识别和模糊评判，通过综合推理机，对四库进行综合调用，将定量分析和定性分析结合起来对大坝安全状态实现在线实时分析和综合评价，对不安全因素 (或异常) 进行物理成因分析，并提出建议措施供辅助决策，在龙羊峡、佛子岭、水口等水库获得成功应用。张进平，刘德志，徐竹青等开发了用于辅助决策的土石坝安全监测分析评价预报系统。Cheng 等开发了基于 GIS 和监测数据分析的决策支持系统。张兴武在小浪底地下厂房开发了基于 “四库三功能” 的决策支持系统。即由 7 个功能部分组成：①数据库 (含图形和图像库)；②模型库；③方法库 (数据预处理、平差、回归分析、时序分析、结构分析、渗流；④知识库；⑤综合信息管理；⑥综合分析推理；⑦输入输出。总体上，第三和第四层次的系统偏向于决策支持和专家系统，对使用人员的要求非常高，对于一些中小型的工程如边坡、城市地铁、公路隧道，这类大型系统的使用和维护成本很大，推广困难。

第一和第二层次的系统开发也很多，在大坝、基坑、边坡、隧道都有应用，但总体上在数据库管理和可视化功能上还存在一些不足。李元海开发的岩土工程施工监测信息系统集成了数据库管理、分析预测与测点图形功能，以 Foxpro 为系统数据库；刘大安等提出的 “综合地质信息系统 (SGIS)” 主要针对边坡工程的工程地质评价，其数据库管功能偏于简单，图形可视化功能未见详细说明；孙钧主持的 “城市地下工程施工安全的智能预测与控制及其三维仿真模拟系统研究” 主要用于预测分析，以 MATLAB 为可视化平台，通用性有所欠缺；吴金华等针对地下工程

施工安全而开发出监测资料处理系统对监测数据信息管理、有效性检查和处理考虑比较全面，但监测信息的可视化功能较弱；徐伟等使用 VB 6.0 和 Office 2000 开发了大坝安全监测数据管理及建模分析系统，其数据库功能比较简单；贾明涛等开发了系统对边坡位移矢量进行可视化分析，未见数据库查询的报道；胡金莲等开发了三峡工程施工期安全监测数据库管理系统，主要是数据录入、整编、查询，系统数据库基于 Foxpro，未见预测分析功能报道；曹金国等基于 Foxpro 编制了隧洞工程监测信息数据库管理系统，用于监测资料的储存和管理，功能比较简单。贺跃光等基于 WEBGIS 开发的城市地铁信息管理系统功能包括用户权限管理、地铁区间和基坑信息管理、WEBGIS 信息管理、预测预警及网上信息发布交流。功能齐全，是 ARCGIS 和岩土工程一个典型的应用。王永明等采用 C/S 和 B/S 架构混合开发模式研制的深基坑监测系统集数据管理、统计分析、传输审核、预测预警、信息反馈及专家决策于一体。在商业软件领域，勘察设计软件、有限元分析系统以及基坑支护、边坡加固和桩基设计软件比较常见，唯独不见施工监测信息系统。

总体上讲，目前监测系统软件开发比较多，尤以大坝为主，从第一到第四层次都有，并且吴中如院士领导开发的"一机四库"专家系统功能已经很完备，具有国际先进水平。在地下工程方面则出现两个极端：第四层次的专家系统如小浪底地下厂房决策支持系统已经投入应用，第一层次的简单系统也有不少，但中间层次的比较缺乏，功能的集成性和完备性不好，不是查询功能较弱，就是预测分析或者可视化水平比较差，并且真正实现商业化的还未见。

1.2.5 监测工作存在的问题

目前发达国家的地下工程监测往往采用最先进的仪器，其自动化、数字化程度高，数据采集、储存、分析处理等环节都有专业的软件进行支持，施工期的信息化程度和生产效率高。先进的三维地质建模软件、数据库系统，数据挖掘和专家系统等都在逐步应用。

与国外先进的信息化施工相比，国内在地下工程现场监测方面尚有较大的差距，主要存在以下不足：

(1) 仪器、设备和技术手段比较落后。多数还是人工观测，手工记录，信息化程度较低；即便拥有先进的仪器，常常也因为缺乏相应的技术开发而未能充分发挥其功能和效率；

(2) 相应的软件支持不完善，缺乏中间层次的施工期监测信息管理、预测系统软件。已有的软件适合现场施工人员使用的很少，并且功能不够全面、集成性较差，导致数据处理及分析实时性差、方法落后，自动化、信息化程度低，根据监测信息及时反馈指导施工的水平差。

目前除了大型工程 (特别是水电站工程、地铁) 外，安全监测在国内还没有得到足够的重视。一方面，有人认为岩土工程监测是一个技术含量较低的工作，只要会操作仪器、测读数据，然后进行简单的数据处理出报告就行了。但事实上，虽然岩土工程监测的门槛比较低，但做好、做精却很难。安全监测是岩土工程学科的一个重要组成部分，是设计和施工的联系纽带，是信息化施工得以实施的关键环节，是理论和实际的融合点，多学科、多专业的交叉处。从事监测工作需要掌握设计、施工、地质、测绘、数据处理分析、概率统计、数据库、计算机软件应用及编程等相关知识。另一方面，目前多数监测单位重视仪器埋设、数据采集，轻视数据分析和反馈，不能对监测成果结合施工、地质情况进行充分、深入的理论分析，仅仅是满足于收集资料和提交各类监测报告，导致监测工作没有真正发挥优化设计和及时反馈指导施工的作用。

1.3　本书的主要内容

本书主要介绍岩土工程监测的数据分析、反馈方法以及相关软件开发设计技术。全书共 6 章。第 1 章介绍岩土工程安全监测的目的、意义、历史、现状及发展趋势，重点介绍数据分析和软件开发的现状和发展趋势。第 2 章介绍岩土工程监测工作的基本流程及相关规程综述。第 3 章介绍监测设计的基本原则，并以地下工程、边坡工程为实例进行说明。第 4 章介绍监测数据分析反馈的方法，包括数据分析需要收集的资料、分析的基本流程、异常的判断和处理、时间空间上的一致性分析、相关性分析以及监测成果的反馈。第 5 章介绍信息化软件设计技术，包括软件开发必要性、设计原则、主要功能及程序片段。第 6 章融合前 5 章内容介绍了一个实例。

第 2 章　岩土工程安全监测工作的基本流程

2.1　监测工作的主要流程

岩土工程安全监测是一个系统工程，涉及工程地质、水文地质、气象、岩土力学、工程结构、施工组织和管理等各个方面。岩土工程安全监测工作主要分为监测方案编制、现场监测、监测资料整编和监测信息反馈等 4 个阶段，其基本流程大致如图 2-1-1 所示。

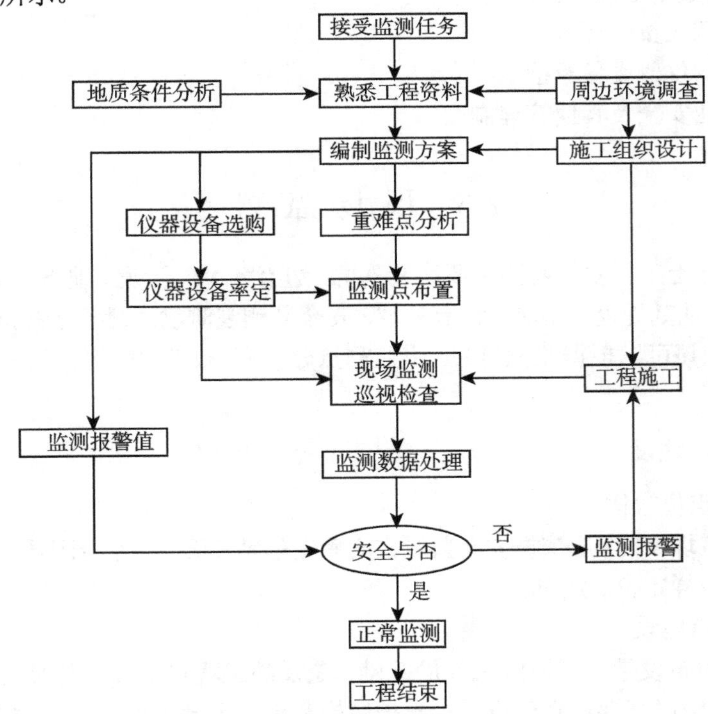

图 2-1-1　岩土工程安全监测工作流程图

2.2　监测方案编制

监测单位在接受监测任务书 (或工程中标) 后，应及时搜集工程设计、地质勘察等项目相关资料，并在工程所在地进行周边环境调查，结合国家与地方法规及技术标准要求，确定监测工程的风险点，从而进行监测工程的重点难点分析，以便编制监测方案。监测方案的内容宜包括以下内容：

(1) 工程概况；

(2) 建设场地岩土工程条件及周边环境状况；

(3) 监测目的和依据；

(4) 监测内容及项目；

(5) 基准点、监测点的布设与保护；

(6) 监测方法及精度；

(7) 监测期和监测频率；

(8) 监测报警及异常情况下的监测措施；

(9) 监测数据处理与信息反馈；

(10) 监测人员的配备；

(11) 监测仪器设备及检定要求；

(12) 作业安全及其他管理制度。

2.3　现 场 监 测

常见的岩土工程安全监测主要涉及基坑、边 (滑) 坡、隧道、地下洞室、混凝土坝、土石坝、地基处理、顶推工程等领域，安全监测观测物理量除了按原因量和效应量分类外，还可以根据监测目的，将监测点分为变形、应力应变、环境量等 3 类监测点。

2.3.1　监测点埋设

1、监测点位放样

在监测点埋设前，应依据安全监测方案确定的精度要求，结合现场作业条件对监测点进行放样定位、定向。

2、监测点埋设

监测点的布设是开展监测工作的基础，是反映工程自身和周边环境安全的关键。监测点布设时需要认真分析工程支护结构和周边环境特点，确保工程支护结构和周边环境对象受力或位移变化较大的部位都布设有监测点，以便能够真实地反映工程支护结构和周边环境对象的安全状态变化情况。同时，还要兼顾监测工作量及费用，达到既可控制安全，又能节约费用成本。

监测点的埋设应以不妨碍结构的正常受力或正常使用功能为前提，要便于现场观测，如便于跑点、立尺和数据采集，同时要保证现场作业过程中的人身安全。在满足监测要求的前提下，应尽量避免在材料运输、堆放和作业密集区埋设监测点，以减少对现场观测造成的不利影响，同时也可避免监测点遭到破坏，保证监测数据的质量。

监测点布置以满足安全管理和监控为前提，按照监测设计原则，综合施工图监测设计、现场情况优化而成。

监测点布置力求合理，应能反映出施工过程中结构的实际变形和应力情况及对周围环境的影响程度。测点埋设应达到设计要求的质量，并做到位置准确，安全稳固，设立醒目的保护标志。电缆接头位置要注意密封防水。

3、监测点的验收

在监测点安装埋设的全过程中，必须对传感器、材料等进行连续或分阶段的检验，以保证监测点的埋设质量。监测点的验收应有安装埋设验收表，并有埋设单位和验收单位 (或管理部门) 双方人员签字。

监测点安装埋设验收表宜有以下内容：

(1) 监测项目、监测点埋设日期及时间；

(2) 监测点编号、传感器类型、说明；

(3) 监测点的位置、坐标、高程；

(4) 温度、风、雨等天气信息；

(5) 监测点周边环境信息；

(6) 钻孔 (挖槽) 等地质及地下水信息；

(7) 监测点的平面、剖面示意图、安装埋设照片等；

(8) 获得监测点初值。

对于重要的安全监测工程，有必要编写仪器安装竣工报告。

4、监测点的保护

监测元器件的工作状态和监测点的完好程度是获取完整、可靠监测数据的关键，如遭受破坏则有可能造成监控盲区，有些关键部位监测缺失甚至可能威胁到工程的安全。为了确保监测工作顺利进行，应高度重视元器件和监测点的保护和恢复工作。监测施工过程中具体采取以下措施对测点进行保护：

(1) 隧道和地下洞室的拱顶沉降和净空收敛监测点应焊接牢固，并采取保护措施，施工时注意机械碰撞和喷砼覆盖，防止因监测点松动而造成监测数据不准确或因监测点覆盖造成监测数据不连续。

(2) 类同于地表沉降的监测点 (孔)，在测点周围采用红色油漆标记位置和点号，并设置不影响交通通行的保护盖或保护套。

(3) 对于应力类监测的元器件，要注意编号和引线的保护。引线固定在不妨碍通行的位置，用管卡整齐布线引出至地面方便观测的位置。对此监测项目必须重点保护、高度重视，因为一旦监测元器件损坏，再进行补救就非常困难。

(4) 在交通繁忙及人流拥挤区域，在满足规范要求的前提下，各项目监测点尽量选择偏僻角落和侧墙边界等人流车辆稀少的位置。

(5) 在监测前，对监测点的安全情况进行确认，如个别监测点受到破坏时，应及时进行补点，并进行监测取值，与之前累计值累加处理，保证监测数据的连续性。

5、意外情况的处理

(1) 在监测前，对监测点的安全情况进行确认，当个别监测点被破坏时，应及时补点，并进行一次补充监测，以保证监测起始数据的精度、完整性和监测工作的持续进行 (数据中断一次)。

(2) 当某些传感器设置失败时，确定实际完好传感器的数目是否达到计划监测点的 90%以上，若符合，则可以不用考虑；若损失较多，必须及时补救重新设置。

(3) 数据分析时，可采用相邻点的平均变形量作为中断点的近似值。

2.3.2　现场监测

按实施阶段划分，岩土工程安全监测一般分为施工期监测和运营期监测。其中，施工期监测贯穿总体工程施工始终。

在获取监测点初始读数，确定监测基准值后，安全监测工作进入现场监测阶段。

对同一监测项目，现场监测作业应符合下列规定:

(1) 应采用相同的监测方法和监测路线；

(2) 宜使用同一种监测仪器和设备；

(3) 宜固定监测人员；

(4) 宜在基本相同的时段和环境条件下工作。

1、监测基准值

监测基准值就是监测点埋设后确定读取的初始观测值，正常监测获取的观测值与监测基准值的差值就是监测变化量。基准值不能随意确定，如应力应变类监测点必须考虑监测点埋设的位置、所测介质的特性、仪器的性能及周边环境等因素，然后根据初期观测次数且监测点处于稳定状态后，才能确定监测基准值；而变形类监测点往往是在达到初始稳定状态后，才选取数次观测的平均值或末次观测值作为监测基准值。

2、监测频率

监测频率应根据施工方法、施工进度、监测对象、监测项目、地质条件情况和特点，结合当地工程经验进行确定。监视频率应使监测信息及时、系统地反映施工工况及监测对象的动态变化，并宜采取定时监测。

3、监测方法

监视方法应根据监测对象和监测项目的特点、工程监测等级、设计要求、精度要求、场地条件和当地工程经验等综合确定，现场监测作业要易于实施。

表 2-3-1 汇总了常见的监测项目及其采用的主要监测方法。

表 2-3-1 常见监测项目及主要监测方法

监测类型	监测项目	常用监测仪器及方法	适用范围
变形监测	水平位移	(1) 经纬仪或全站仪，采用小角法、方向线偏移法、视准线法、投点法、激光准直法等大地测量法；(2) 数码相机，采用近景摄影测量方法；(3) 引张线法	(1) 基坑、边坡工程中的支护桩 (墙)、立柱、梁板等工程支护结构；(2) 建 (构) 筑物；(3) 岩土体；(4) 大坝；(5) 盾构隧道结构
	竖向位移、地表沉降、差异沉降	(1) 水准仪，几何水准测量方法；(2) 经纬仪或全站仪，电子测距三角高程测量；(3) 静力水准仪，静力水准测量方法	(1) 基坑、边坡工程中的支护桩 (墙)、立柱、梁板等工程支护结构；(2) 路面路基工程；(3) 建 (构) 筑物；(4) 岩土体
	深层水平位移	便携式测斜仪、固定式测斜仪	(1) 支护桩 (墙) 等混凝土结构；(2) 岩土体钻孔
	土体分层竖向位移	(1) 水准仪，埋设分层沉降板；(2) 分层沉降仪，钻孔埋设磁环	(1) 回填土；(2) 原状岩土体
	围岩轴向位移	(1) 多点位移计；(2) 滑动测微计	隧道、地下洞室
	建 (构) 筑物倾斜	(1) 经纬仪或全站仪，坐标法、投点法或垂准法；(2) 静力水准仪或水准仪，差异沉降法计算换算；(3) 倾斜仪，电测法	高层建筑、基坑立柱、桥梁墩柱、铁塔以及烟筒等高耸结构
	裂缝	(1) 裂缝观测仪；(2) 千分尺或游标卡尺；(3) 测缝计或千分表；(4) 位移计；(5) 近景摄影测量	(1) 建 (构) 筑物、桥梁；(2) 隧道或洞室结构；(3) 坝体；(4) 岩土体
	轨道静态几何形位 (轨距、轨向、高低、水平)	轨距尺、电子水平尺、倾角仪、静力水准仪等	既有轨道交通
	支护结构净空收敛、管片结构收敛、围岩收敛	(1) 收敛计；(2) 全站仪；(3) 激光测距仪	隧道、地下洞室、竖井等地下工程支护结构及岩土体
	拱顶沉降、管片结构竖向位移		隧道、地下洞室等工程支护结构及岩土体

续表

监测类型	监测项目	常用监测仪器及方法	适用范围
应力应变监测	结构应力	应变计、应力计、钢筋计	(1) 基坑、边坡工程支护桩、连续墙、立柱等混凝土结构；(2) 隧道、地下洞室混凝土结构
	支撑轴力	轴力计、应变计、钢筋计	基坑钢支撑、混凝土支撑
	锚杆拉力、土钉拉力	锚杆测力计、钢筋计、应变计	锚杆及土钉支护结构
	支护桩 (墙) 侧向土压力、围岩压力	土压力计、压力盒	(1) 基坑、边坡工程支护桩或连续墙结构；(2) 隧道、地下洞室
	孔隙水压力、扬压力	测压管、孔隙水压力计，钻孔埋设或填土埋设	(1) 混凝土结构物；(2) 坝体工程；(3) 岩土体
动态监测	围岩松弛	声波仪	(1) 隧道及地下洞室；(2) 人工边坡
	工程振动	速度 (加速度) 传感器 + 数据采集仪	爆破或桩基施工影响范围内的建(构)筑物及工程支护结构
	地震反应	强震仪	(1) 地震活跃区域；(2) 坝体及其地基。
环境量监测	地下水位	(1) 水位计，钻孔埋设水位观测管；(2) 渗压计，通过压力换算	(1) 施工区域；(2) 周边环境岩土体
	真空度	真空度计	软土地基处理工程
	渗流量	量水堰、流量仪	土石坝、尾矿坝工程
	降雨量	雨量计	(1) 大坝；(2) 滑坡防治
	温度	温度计	(1) 大体积混凝土；(2) 坝基；(3) 地下洞室
现场巡视	巡视检查	卷尺、地质锤、地质罗盘、数码相机等	(1) 施工区域；(2) 周边环境

现场监测作业应按仪器使用说明书进行测读，并填写入监测记录表格。在每次测读时，必须将本次读数与前次读数进行对照检查。若在监测过程中发现读数异常，应及时进行复测，检查监测点并巡视周边环境，分析读数异常原因。

2.4　监测资料整编

在每次监测后应立即进行日常资料的整理，包括原始数据的记录、检验和监测物理量的换算以及填表、绘图、初步分析和异常值判别等日常工作。监测物理量的换算公式和有关表格的填写应符合相关技术标准的要求。

2.4.1 原始监测资料的收集

原始监测资料的收集包括监测数据的采集、巡视检查的实施和记录、其他相关资料收集等。具体包括以下内容：

1、详细的观测数据记录、观测的环境说明，与观测同步的气象、水文等环境资料；

2、监测仪器设备及安装的考证资料；

3、监测点附近的施工资料；

4、有关的工程类比资料、规程规范等。

2.4.2 原始监测资料的检验和处理

1、每次监测数据采集后，应随即检查、检验原始记录的可靠性、正确性和完整性。如有漏测、误读 (记) 或异常，应及时补 (复) 测、确认或更正。

原始监测数据检查、检验的主要内容有：

(1) 作业方法是否符合规定；

(2) 监测仪器性能是否稳定、正常；

(3) 监测记录是否正确、完整、清晰；

(4) 各项检验结果是否在限差以内；

(5) 是否存在粗差；

(6) 是否存在系统误差。

2、经检查、检验后，若判定监测数据不在限差以内或含有粗差，应立即重测；若判定监测数据含有较大的系统误差时，应分析原因，并设法减少或消除其影响。

2.4.3 原始监测资料的整理和初步分析

1、进行各监测物理量的计 (换) 算，填写记录表格，绘制监测物理量过程线图或监测物理量与某些原因量的相关图，检查和判断测值的变化趋势。

2、每次巡视检查后，应随即对原始记录 (含影像资料) 进行整理。巡视检查的各种记录、影像和报告等均应按时间先后次序整理编排。

3、随时补充或修正有关监测设施的变动或检验、校测情况，以及各种考证表、图等，确保资料的衔接和连续性。

4、根据所绘制图表和有关资料及时做出初步分析，分析各监测物理量的变化规律和趋势，判断有无异常值。如有异常，应及时分析原因，先检查计算有无错误和监测仪器有无故障，经多方比较判断，若发现确有不正常现象或确认的异常值，应立即口头上报业主、咨询单位和监理单位，并在 24h 内提交书面报告 (简报、警报等)。

2.4.4　监测资料的整编

定期或按业主要求进行系统全面的资料整理工作，包括仪器监测资料、巡视检查资料和有关监测设施变动或检验、校测等资料的收集、填表、绘图、初步分析和编印等工作。所有监测资料要求按委托人规定的格式建立数据库，并输入计算机存储。

整编资料按内容划分为以下 4 类：

(1) 工程资料。包括勘测、设计、科研、施工、竣工、监理、验收和维护等方面资料。

(2) 仪器资料。包括仪器型号、规格、技术参数、工作原理和使用说明，测点布置，仪器埋设的原始记录和考证资料，仪器损坏、维修和改装情况，其他相关的文字、图表资料。

(3) 监测资料。包括人工巡视检查、监测原始记录、物理量计算成果及各种图表；有关的水文、地质、气象资料。

(4) 相关资料。包括文件、批文、合同、咨询、事故及处理、仪器设备与资料管理等方面的文字及图表资料。

在收集有关资料的基础上，对整编时段内的各项监测物理量按时序进行列表统计和校对；绘制各监测物理量过程线图、能表示各监测物理量在时间和空间上的分布特征图，以及与有关因素的相关关系图。

2.4.5　监测成果的分析

在上述工作基础上，对整编的监测资料进行分析，采用定性的常规分析方法、定量的数值计算方法和各种数学物理模型分析方法，分析各监测物理量的变化规律和发展趋势，各种原因量和效应量的相关关系和相关程度。根据分析成果对工程的工作状态及安全性做出评价，并预测变化趋势，提出处理意见和建议。发现异常及时口头通知监测工程相关各方，并根据风险管理要求提交书面报告。

在将监测成果反馈之前，监测技术负责人应对整编资料的完整性、连续性、准确性进行全面的审查，主要包括：

完整性：整编资料的内容、项目、测次等应齐全，各类图表的内容、规格、符号、单位，以及标注方式和编排顺序应符合规定要求等。

连续性：各项监测资料整编的时间与前次整编应能衔接，监测部位、测点及坐标系统等与历次整编应一致。

准确性：各监测物理量的计 (换) 算和统计应正确，有关图件应准确、清晰。整编说明应全面，分析结论、处理意见和建议应符合实际。

2.5 监测信息反馈

监测分析结果应及时反馈给监测工程相关单位。根据合同要求提交监测报告，如监测日报、周报、月报及年报等，对重点监测工程应定期提交专题分析报告。当在工程现场发现异常现象或监测物理量达到预警值时，应立即通过电话、网络等形式立即向委托方及相关部门汇报情况，随后提交警情报告，并会同监测工程相关单位共同分析警情原因，提出相应技术对策，以便采取应急处理措施。当监测工作结束后，应及时提交监测分析总报告。

2.5.1 日报内容

主要内容包括当日监测作业数据和巡视信息。

1、当日现场工况信息：包括工点的施工进度，进度与风险工程关系等。

2、当日现场监测巡视异常信息及预警情况：包括工程现场风险现状、统计说明工点监测、巡视预警情况，给出正常或警情建议。

3、当日现场监测、巡视数据成果表：包括所监测项目的数据成果报表。

2.5.2 周 (月) 报内容

1、本周 (月) 现场工况信息：包括简要工程情况介绍，本周 (月) 具体施工进度，进度与风险工程关系等。

2、本周 (月) 监测及巡视作业情况：包括监测项目、巡视内容、完成监测及巡视工作量等。

3、本周 (月) 监测巡视异常信息及预警情况：包括工点风险现状、工点监测、巡视预警情况的统计说明，监测数据及巡视信息综合分析情况等。

4、本周 (月) 风险监控跟踪情况：包括对工程相关各方反馈意见落实情况及风险事务处理、效果、变化趋势、存在问题、下一步风险处理建议等。

5、下周 (月) 风险监控重点：主要为下周 (月) 风险预告 (可细化到各风险因素关注或监控的内容)。

6、相关附图、附表：包括各监测项目监测布点图、包括各监测项目监测布点位置、点号及施工进度标注、本周 (月) 监测、巡视数据汇总成果报表、监测物理量断面曲线、监测物理量时程曲线等图表。

2.5.3 年报内容

1、本年度监测、巡视及异常信息、预警的统计：包括工点风险现状、统计说明现场监测、巡视预警及综合预警情况，本年度监测数据及巡视信息综合分析情况。

2、本年度风险监控跟踪情况：包括对工程相关各方反馈意见落实情况及风险事务处理、效果、变化趋势、存在问题、下一步风险处理建议等。

3、下一年度风险监控重点：主要涵盖下一年度现场工点风险因素的关注或监控措施要点及风险预告等。

2.5.4 监测总报告内容

1、工程概况，工程地质条件，风险源，监测目的；
2、监测工作大纲和实施方案；
3、采用的仪器型号、规格和标定资料；
4、监测资料的分析处理；
5、监测值全时程变化曲线；
6、含不同监测项目的综合分析；
7、监测结果评述。

2.5.5 专题分析报告内容

1、监测值全时程变化曲线；
2、结合工程现场情况对监测数据进行综合分析；
3、含不同监测项目的综合分析；
4、典型监测区域的时空综合分析；
5、对工程现场状况和周边环境进行安全分析、评价和预测；
6、指出当前工程现场状况的影响因素，给出相应的技术对策；
7、根据工程安全风险管理的要求，进行其他必要的分析和建议。

2.6 岩土工程安全监测的有关规程规范综述

为规范岩土工程安全监测工作，各个行业先后制定技术规范规程，以保证监测质量，达到技术先进、经济合理、成果可靠的目的，从而保证工程结构和周边环境的安全，为信息化施工和优化设计提供依据。

2.6.1 主要规范规程

目前，涉及岩土工程安全监测的技术标准较多，包括国家标准、行业标准及地方标准。题名含“监测”或“监控量测”字样的技术标准主要见表 2-6-1，以安全监测为章节内容的主要技术标准见表 2-6-2。

表 2-6-1 以监测为题名的主要技术标准表

类型	规范规程名称	适用范围
国家标准	《城市轨道交通工程监测技术规范》GB50911—2013	城市轨边交通新建、改建、扩建工程及工程运行维护的监测
	《建筑基坑工程监测技术规范》GB50497—2009	一般土及软土建筑基坑工程监测，不含冻土、膨胀土及湿陷性黄土基坑工程监测
	《尾矿库在线安全监测系统工程技术规范》GB51108—2015	金属和非金属矿山尾矿库及赤泥库、锰渣库的在线安全监测
行业标准	《水利水电工程安全监测设计规范》SL725—2016	水利水电工程等级划分及设计标准中的 1 级 ~5 级挡水建筑物及其他 1 级 ~3 级水工建筑物
	《土石坝安全监测技术规范》SL551—2012	水利水电工程等级划分及设计标准中的 1 级 ~ 3 级碾压式土石坝，包括坝体、坝基、坝端、与坝的安全有直接关系的泄水建筑物和设备，以及对土石坝安全有重大影响的近坝区岸坡
	《混凝土坝安全监测技术规范》SL601—2013	水利水电工程等级划分及设计标准中的 1 级 ~ 4 级混凝土坝，包括坝体、坝基、坝肩、对大坝安全有重大影响的近坝区岸坡以及与大坝安全有直接关系的建筑物和设备
	《大坝安全监测仪器检验测试规程》SL530—2012	适用于现场安装埋设前的大坝安全监测仪器 (传感器) 的实验室第三方检验测试
	《水工建筑物强震动安全监测技术规范》SL486—2011	水利水电工程 1 级、2 级水工建筑物
	《水库诱发地震监测技术规范》SL516—2013	坝高大于 100m、库容大于 5 亿 m^3 的新建、已建水库
	《铁路隧道监控量测技术规程》TB10121—2007	采用喷锚构筑法修建的铁路隧道监测
	《崩塌、滑坡、泥石流监测规范》DZ/T0221—2006	已经发生过且可能继续或再次发生崩滑变形破坏和泥石流活动的监测，以及有可能发生崩滑的自然的或人工的斜坡变形破坏和泥石流活动的沟槽 (或斜坡) 的监测
	《岩土工程监测规范》YS5229—1996	建筑物、构筑物、工业场地、尾矿坝、中小型水库坝体等工程施工和运营阶段的监测
地方标准	《地铁工程监控量测技术规程》DB11/490—2007	北京地区地铁工程中进行的监控量测工作
	《基坑工程施工监测规程》DG/TJ08—2001—2006	上海地区各类建 (构) 筑物的基坑工程施工监测

表 2-6-2 以监测为章节内容的主要技术标准表

类型	规范规程名称	涉及监测的主要内容
国家标准	《工程测量规范》GB50026—2007	适用于工业与民用建（构）筑物、建筑场地、地基基础、水工建筑物、地下工程建（构）筑物、桥梁、滑坡等的变形监测。
	《城市轨道交通工程测量规范》GB50308—2008	施工阶段包括支护结构、结构自身以及变形区内的地表、建筑、管线等周边环境；运营阶段包括受运营及周边建设影响的轨道、道床、建筑结构和受运营影响的地表、建筑、管线等周边环境。
行业标准	《建筑地基基础设计规范》GB50007—2011	大面积填方、填海等地基处理工程，应对地面沉降进行长期监测，直到沉降达到稳定标准；施工过程中还应对土体位移、孔隙水压力等进行监测。基坑开挖监测包括支护结构的内力和变形，地下水位变化及周边建（构）筑物、地下管线等市政设施的沉降和位移等监测内容。对挤土桩布桩较密或周边环境保护要求严格时，应对打桩过程中造成的土体隆起和位移、邻桩桩顶标高及桩位、孔隙水压力等进行监测。
	《建筑边坡工程技术规范》GB50330—2013	边坡工程应由设计提出监测项目和要求，对边坡自身及支护结构、周边环境、地下水及降雨等进行监测，可根据安全等级、地质环境、边坡类型、支护结构类型和变形控制要求选择监测项目。
	《建筑基坑支护技术规程》JGJ120—2012	基坑支护设计应根据支护结构类型和地下水控制方法，选择基坑监测项目，并应根据支护结构构件、基坑周边环境的重要性及地质条件的复杂性确定监测点部位及数量。选用的监测项目及其监测部位应能够反映支护结构的安全状态和基坑周边环境受影响的程度。
	《建筑变形测量规范》JGJ/T8—2016	对存在不良地质作用的建筑边坡，或存在对建筑的安全和稳定有影响的自然斜坡和人工边坡，应进行斜坡位移监测。基坑及其支护结构变形观测。基础及上部结构变形观测，包括沉降、水平位移、倾斜、裂缝、挠度、收敛、日照、风振、结构健康监测等。
	《公路路基设计规范》JTGD30—2015	包含路堑边坡或滑坡监测、高路堤的稳定和沉降、预应力锚杆的监测等内容。

从总体看，水利行业大坝监测的项目最为完整，除了变形、渗流、应力应变、温度等常规监测内容外，还有变形监测网、水力学、强震和环境量等监测内容。此外，自动化监测技术在水利行业应用比较成熟，在监测规范里自动化监测系统单独成章节。

从监测工程环境看，城市轨道交通工程周边环境最为复杂。城市轨道交通工程一般包含地下工程、高架工程和地面线路工程三部分，工程线路通常穿行、人口密集的城区，周边高楼林立，管线密布，城市桥梁、道路、既有铁路等纵横交错，还有可能穿越河流湖泊。复杂的周边环境条件给现场监测实施带来诸多不便，如地面道路的改道和交通疏导就会导致监测点不能按设计布设，一些关键区域可能没法实时监测或监测数据不完整。此外，在进行监测设计时，还需考虑轨道交通工程施工对沿线周边在建工程的影响，以及运营阶段周边在建工程对既有轨道交通线路的影响。

从监测手段看，远程视频监控和远程自动化监测技术在越来越多的规范规程中得到推荐，这些具有实时功能的巡视检查和监测数据采集对掌控工程施工进度和施工质量、掌握监测对象状态变化、预防重大事故的发生具有重大作用。此外，专门的工程监测数据处理与信息管理系统软件也得到推荐，以实现数据采集、处理、分析、咨询和管理的一体化以及监测成果的可视化，提高监测信息反馈和共享程度。

2.6.2 监测项目控制值

监测项目控制值是进行监测预警 (有些文献称为报警) 的依据，现行主要监测规范及一些设计类规范为此都有作出规定，并给出相应的建议值，以便给工程设计及监测实施提供参考依据。

《城市轨道交通工程监测技术规范》GB50911—2013 规定：监测项目控制值应根据不同施工方法特点、周围岩土体特征、周边环境保护要求并结合当地工程经验进行确定. 并应满足监测对象的安全状态得到合理、有效控制的要求。对于采用明挖法、盖挖法、矿山法及盾构法施工的地下工程，当无地方经验时，该规范根据工程监测等级给出的支护结构及周边环境的监测项目控制值的建议值，分别涉及支护桩、地下连续墙、立柱、支撑、锚杆、管片结构、隧道支护等支护结构，以及建筑物、地表、桥梁、地下管线、高速公路及城市道路、轨道交通既有线、既有铁路等周边环境，详见表 2-6-3。

《建筑基坑工程监测技术规范》GB50497—2009 规定：基坑及支护结构监测报警值应根据土质特征、设计结果及当地经验等因素确定。当无地方经验时，该规范根据基坑类别等级给出支护结构的监测报警值的建议值，涉及支护桩、地下连续墙、立柱、支撑、锚杆等支护结构，而基坑周边环境报警值的建议值涉及地下水、邻近建筑、管线、裂缝等监测项目。

《建筑地基基础设计规范》GB50007—2011 给出了工业与民用建筑物、高耸结构分别在不同地基土类别的地基变形允许值，主要体现在沉降量、沉降差、倾斜、局部倾斜等方面，详见表 2-6-4。

表 2-6-3　明挖法和盖挖法基坑支护结构和周围岩土体监测项目控制值

监测项目	支护结构类型、岩土类型		工程监测等级一级			工程监测等级二级			工程监测等级三级		
			累计值 (mm)		变化速率 (mm/d)	累计值 (mm)		变化速率 (mm/d)	累计值 (mm)		变化速率 (mm/d)
			绝对值	相对基坑深度 (H) 值		绝对值	相对基坑深度 (H) 值		绝对值	相对基坑深度 (H) 值	
支护桩 (墙) 顶竖向位移	土钉墙、型钢水泥土墙		–	–	–	–	–	–	30~40	0.5% ~ 0.6%	4~5
支护桩 (墙) 顶竖向位移	灌注桩、地下连续墙		10~25	0.1% ~ 0.15%	2~3	20~30	0.15% ~ 0.3%	3~4	20~30	0.15% ~ 0.3%	3~4
支护桩 (墙) 顶水平位移	土钉墙、型钢水泥土墙		–	–	–	–	–	–	30~60	0.6% ~ 0.8%	5~6
支护桩 (墙) 顶水平位移	灌注桩、地下连续墙		15~25	0.1% ~ 0.15%	2~3	20~30	0.15% ~ 0.3%	3~4	20~40	0.2% ~ 0.4%	3~4
支护桩 (墙) 顶水平位移	型钢水泥土墙	坚硬 ~ 中硬土	–	–	–	–	–	–	40~50	0.4%	6
支护桩 (墙) 顶水平位移	型钢水泥土墙	中软 ~ 软弱土	–	–	–	–	–	–	50~70	0.7%	6
支护桩 (墙) 顶水平位移	灌注桩、地下连续墙	坚硬 ~ 中硬土	20~30	0.15% ~ 0.2% ~	2~3	30~40	0.2% ~ 0.4%	3~4	30~40	0.2% ~ 0.4%	4~5
支护桩 (墙) 顶水平位移	灌注桩、地下连续墙	中软 ~ 软弱土	30~50	0.2% ~ 0.3% ~	2~4	40~50	0.3% ~ 0.5%	3~5	50~70	0.5% ~ 0.7%	4~6

续表

监测项目	支护结构类型、岩土类型	工程监测等级一级			工程监测等级二级			工程监测等级三级		
		累计值 (mm)		变化速率 (mm/d)	累计值 (mm)		变化速率 (mm/d)	累计值 (mm)		变化速率 (mm/d)
		绝对值	相对基坑深度 (H) 值		绝对值	相对基坑深度 (H) 值		绝对值	相对基坑深度 (H) 值	
地表沉降	坚硬 ~ 中硬土	20~30	0.15% ~ 0.2% ~	2~4	25~35	0.2% ~ 0.3%	2~4	30~40	0.3% ~ 0.4%	2~4
	中软 ~ 软弱土	20~40	0.2% ~ 0.3% ~	2~4	30~50	0.3% ~ 0.5%	3~5	40~60	0.4% ~ 0.6%	4~6
立柱结构竖向位移		10~20	–	2~3	10~20	–	2~3	10~20	–	2~3
支护墙结构应力		(60%~70%)f			(70%~80%)f			(70%~80%)f		
立柱结构应力										
支撑轴力		最大值：(60%~70%)f			最大值：(70%~80%)f			最大值：(70%~80%)f		
锚杆拉力		最小值：(70%~80%)f_y			最小值：(80%~100%)f_y			最小值：(80%~100%)f_y		

注：1. H——基坑设计深度，f——构件承载能力设计值，f_y——支撑、锚杆锚杆的预应力设计值；

2. 累计值应按表中绝对值和相对基坑深度 (H) 值两者中的小值取用；

3. 支护桩 (墙) 顶隆起控制值宜为 20mm；

4. 嵌岩的灌注桩或地下连续墙控制值可按表中数值的 50% 取用

表 2-6-4　建筑物地基变形允许值

<table>
<tr><th colspan="2" rowspan="2">变形特征</th><th colspan="2">地基土类别</th></tr>
<tr><th>中、低压缩性土</th><th>高压缩性土</th></tr>
<tr><td colspan="2">砌体承重结构基础的局部倾斜</td><td>0.002</td><td>0.003</td></tr>
<tr><td rowspan="3">工业与民用建筑相邻柱基的沉降差</td><td>框架结构</td><td>0.002□</td><td>0.003□</td></tr>
<tr><td>砌体墙填充的边排柱</td><td>0.0007 □</td><td>0.001 □</td></tr>
<tr><td>当基础不均匀沉降时不产生附加应力的结构</td><td>0.005 □</td><td>0.005 □</td></tr>
<tr><td colspan="2">单层排架结构 (柱距为 6m) 柱基的沉降量 (mm)</td><td>(120)</td><td>200</td></tr>
<tr><td rowspan="2">桥式吊车轨面的倾斜 (按不调整轨道考虑)</td><td>纵向</td><td colspan="2">0.004</td></tr>
<tr><td>横向</td><td colspan="2">0.003</td></tr>
<tr><td rowspan="4">多层和高层建筑的整体倾斜</td><td>$H_g \leqslant 24$</td><td colspan="2">0.004</td></tr>
<tr><td>$24 < H_g \leqslant 60$</td><td colspan="2">0.003</td></tr>
<tr><td>$60 < H_g \leqslant 100$</td><td colspan="2">0.0025</td></tr>
<tr><td>$H_g > 100$</td><td colspan="2">0.002</td></tr>
<tr><td colspan="2">体型简单的高层建筑基础的平均沉降量 (mm)</td><td colspan="2">200</td></tr>
<tr><td rowspan="6">高耸结构基础的倾斜</td><td>$H_g \leqslant 20$</td><td colspan="2">0.008</td></tr>
<tr><td>$20 < H_g \leqslant 50$</td><td colspan="2">0.006</td></tr>
<tr><td>$50 < H_g \leqslant 100$</td><td colspan="2">0.005</td></tr>
<tr><td>$100 < H_g \leqslant 150$</td><td colspan="2">0.004</td></tr>
<tr><td>$150 < H_g \leqslant 200$</td><td colspan="2">0.003</td></tr>
<tr><td>$200 < H_g \leqslant 250$</td><td colspan="2">0.002</td></tr>
<tr><td rowspan="3">高耸结构基础的沉降量 (mm)</td><td>$H_g \leqslant 100$</td><td colspan="2">400</td></tr>
<tr><td>$100 < H_g \leqslant 200$</td><td colspan="2">300</td></tr>
<tr><td>$200 < H_g \leqslant 250$</td><td colspan="2">200</td></tr>
</table>

注：1. 本表数值为建筑物地基实际最终变形允许值；
2. 有括号者仅适用于中压缩性土；
3. □为相邻柱基的中心距离(mm)；H_g 为自室外地面起算的建筑物高度(m)；
4. 倾斜指基础倾斜方向两端点的沉降差与其距离的比值；
5. 局部倾斜指砌体承重结构沿纵向6～10m内基础两点的沉降差与其距离的比值

《爆破安全规程》GB6722—2014 针对各类建筑物、电厂中心控制室设备、隧道及巷道、岩石高边坡、新浇大体积混凝土等受保护对象，给出相应的爆破振动安全标准，并明确质点振动速度为 3 个分量中的最大值，振动频率为主振频率详见表 2-6-5。

《铁路隧道监控量测技术规程》TB10121—2007 给出了隧道内位移、地表沉降、爆破振动等 3 类控制基准：①根据隧道围岩级别及埋深给出隧道初期支护在拱脚水平相对净空变化及拱顶相对下沉等极限相对位移；②地表沉降控制基准应根据地层稳定性、周边建筑物的安全要求分别确定，取最小值；③受保护对象的爆破振动安全允许振速；④支护结构应力控制基准要满足《铁路隧道设计规范》(TB10003—

2005) 的相关规定。

表 2-6-5　爆破振动安全允许标准

序号	保护对象类别	安全允许质点振动速度 VI(cm/s)		
		$f \leqslant 10$	$10< f \leqslant 50$	$f >50$
1	土窑洞、土坯房、毛石房屋	0.15~0.45	0.45~0.9	0.9~1.5
2	一般民用建筑物	1.5~2.0	2.0~2.5	2.5~3.0
3	工业和商业建筑物	2.5~3.5	3.5~4.5	4.2~5.0
4	一般古建筑与古迹	0.1~0.2	0.2~0.3	0.3~0.5
5	运行中的水电站及发电厂中心控制室设备	0.5~0.6	0.6~0.7	0.7~0.9
6	水工隧洞	7~8	8~10	10~15
7	交通隧道	10~12	12~25	15~20
8	矿山巷道	15~18	18~25	20~30
9	永久性岩石高边坡	5~9	8~12	10~15
10	新浇大体积混凝土 (C20)：			
	龄期：初凝 ~ 3 d	1.5 ~ 2.0	2.0 ~ 2.5	2.5 ~ 3.0
	龄期：3 ~ 7 d	3.0 ~ 4.0	4.0 ~ 5.0	5.0 ~ 7.0
	龄期：7 ~ 28 d	7.0 ~ 8.0	7.0 ~ 10.0	10.0 ~ 12
爆破振动监测应同时测定质点振动相互垂直的 3 个分量				

第 3 章　岩土工程监测设计实例

笔者认为，评价岩土工程安全监测整体合格与否取决于两个条件：一是监测设计是否有针对性；二是现场实施获得有效的监测数据。监测设计应在立足于工程设计文件以及国家技术规范规程的基础上，对监测工程进行重难点分析，有必要通过勘测、试验和数值模拟等手段确定监测断面、监测项目、监测点位、深度和数量。

3.1　岩土工程监测设计基本原则

岩土工程监测设计应与地质条件、工程设计计算及现场施工工法紧密结合，以验证工程设计、现场施工及环境保护等方案的安全性和合现性。通过实施现场监测，分析工程结构和周边环境的安全状态，预测其发展趋势，为工程设计和施工参数的优化、实施信息化施工提供基础资料。

在进行岩土工程监测设计时，应遵循以下原则：

(1) 可靠性原则。可靠性原则是监测系统设计的核心。为了确保其可靠性，必须做到：采用可靠的仪器；在监测期间保护好测点；监测数据应采用多级复核制。

(2) 及时性原则。监测设计应覆盖监测点埋设及时、监测数据采集及时、监测数据反馈及时等内容。

(3) 多层次监测原则。具体含义包括：在监测对象上以位移为主，兼顾其他监测项目；在监测方法上以仪器为主，并辅以巡视检查方法；在监测仪器的选择上以光学测量为主，辅以电测仪器；分别考虑在岩土体、工程结构及周边受保护对象上布设测点以形成具有一定覆盖率的监测网；为确保提供可靠连续的监测资料，各监测项目之间应相互印证、补充、校验，以利于监测数据的综合分析。

(4) 重点监测关键区的原则。应根据地质条件、工程复杂程度、受保护对象重要程度等因素确定工程监测等级，划分重点监测关键区。

(5) 方便实用原则。为减少现场监测与施工之间的干扰，监测点的埋设和测量应尽量做到方便实用。

(6) 经济合理原则。设计监测系统时考虑采用经济实用的仪器，不过于追求仪器的先进性，以降低监测费用。

监测设计应根据监测对象的特点以及岩土条件、埋深、支护类型、开挖方式、周边环境状况和设计要求等因素进行编制。

3.2　基坑工程监测设计实例

3.2.1　工程概况

厦门轨道交通 1 号线中山公园站为地下三层岛式车站，属于换乘站，与 3 号线由通道进行换乘，站前设单渡线。车站主体基坑长 158.5m，标准段主体结构宽度为 21.9m，端头井主体结构宽度为 25.1m，顶板覆土约 3~5 m，底板埋深约 23~25 m，采用地下三层双柱三跨钢筋混凝土框架结构。

基坑采用明挖顺作法施工，车站两端区间隧道均为矿山法施工。围护结构采用直径 1200mm、1000mm 钻 (冲) 孔灌注桩，间距 Φ1200@1350mm、Φ1000@1200 布置，沿基坑竖向设置四道支撑 (局部四道)+ 局部锚索。第一、三、四道为钢筋混凝土支撑，第二道支撑标准段为钢支撑 + 局部锚索。止水帷幕采用三重管旋喷桩 + 岩石裂隙注浆。

本站地貌属低山丘陵地区 (Ⅰ区)，地形平缓。基坑开挖深度内，填土厚度约 2.4~3.8 m，基岩岩面起伏大。拟建车站顶板覆土约 3~5.5 m，底板位于碎裂状强风化花岗岩和中风化花岗岩上。

场区范围内地表水不发育。地下水按成因主要分为 3 类：第四系松散岩类孔隙水，赋存于人工填土及第四系海积、海陆交互相及坡积层地层中；风化残积岩孔隙裂隙水赋存于风化残积层中；基岩裂隙水主要赋存于基岩中。素填土、杂填土富水程度低，残积土、全风化及散体状强风化带水量较少，富水程度较低；碎裂状强风化、中等风化带因卸荷裂隙较发育，是基岩中等透水性相对突出地层，水量较丰富。

车站建设场地范围内及周边无重点保护的历史文物或古迹，建 (构) 筑物分布如表 3-2-1 所示。

车站施工范围及周边地下管网繁杂，部分管线分布如表 3-2-2 所示。

表 3-2-1　周边主要建筑物基本情况表

方位	建筑物名称	建筑物用途	建筑物竣工日期	建构筑物基本情况	与基坑的距离/m	照片
线路右侧	信义里14号之一	住宅楼	1946.9	条石结构，地上 3 层，抗震 4 级	5.4	

续表

方位	建筑物名称	建筑物用途	建筑物竣工日期	建构筑物基本情况	与基坑的距离/m	照片
线路右侧	信义里16号之一	住宅楼	1982.9	砖混结构，地上 5 层，抗震 4 级	4.0	
	风貌建筑	住宅楼	/	砖混结构，地上 2 层，抗震 4 级	6.7	
线路左侧	实验小学	教学楼	1999.9	框架结构，地上 3 层，抗震 7 级	30.3	
线路左侧	同安里5号	住宅楼	1992.9	框架结构，地上 7 层，抗震 7 级	26.2	

表 3-2-2　周边主要地下管线基本情况表

管线名称	基本情况描述	与基坑距离
DN800 雨水管	与基坑交叉部分，临时改迁	沿车站纵向距基坑 15.8m
DN500 给水管 (2 根)	与基坑交叉部分，临时改迁	沿车站纵向距基坑 14.3m、18.4m
600×300 通信管沟	与基坑交叉部分，临时改迁	沿车站纵向距基坑 19.7m
DN300 燃气管	与基坑交叉部分，临时改迁	沿车站纵向距基坑 11.6m
10kV 电缆	永久改迁	距主体基坑水平距离 20m

3.2.2　工程风险源分析

根据地勘报告及周边建筑物调查结果，可将中山公园站的工程风险源分为地质、施工及周边环境风险源。

(1) 地质风险源来自于场地内的特殊性岩土，主要为残积土与风化岩、软土等不良地质体。残积土具泡水易软化崩解的特性，遇水后力学性质显著降低。残积土及全风化岩在动水压力作用下，易软化，产生涌泥、涌砂和塌坍现象。

(2) 施工风险源来自于围护结构的施工质量、止水帷幕止水效果及爆破施工。

(3) 环境风险源来自于周边重要建筑物及地下管线。中山公园站周边建筑物大部分为居住用地，主要有实验小学附近建筑、办公文具店、信义里 14 号、16 号楼等居民楼、风貌建筑。

主要风险源见图 3-2-1 和表 3-2-3。

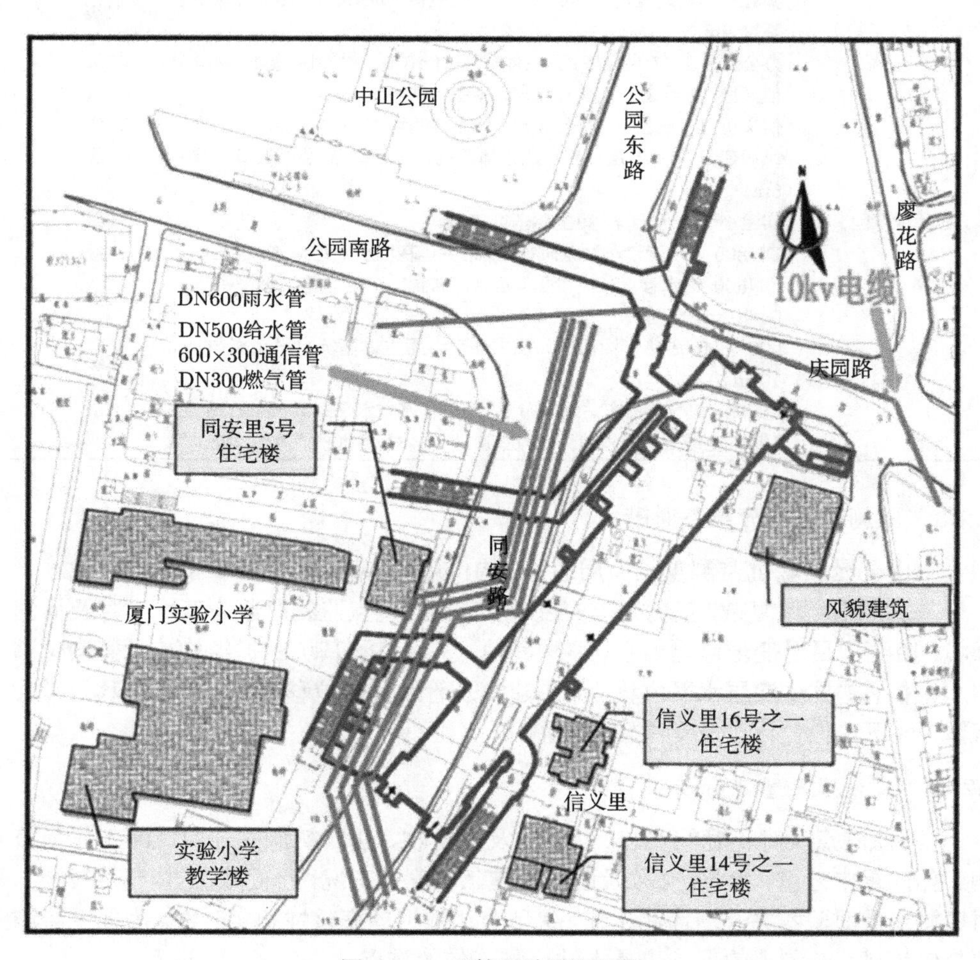

图 3-2-1 环境风险源平面图

表 3-2-3 中山公园站主要工程风险源表

风险源类别	风险源基本状况描述	风险等级
工程自身风险	车站主体基坑长 158.5m，标准段宽 21.9m，埋深 23~25 m，车站所处地层为全、强、中、微风化花岗岩，地下水位高	一级
工程环境风险	实验小学附近建筑，2~4 层住宅，距主体基坑 30m，距 1 号风亭基坑 9m。	二级
	办公文具店，7 层住宅，距主体基坑 26m，距 1 号风亭基坑 5m。	二级
	信义里 14 号之一，地上 3 层，距主体基坑 5m。	二级
	信义里 16 号之一，地上 5 层，距主体基坑 7m。	二级
	风貌建筑，1~2 层住宅，距主体基坑 5m；距 3 号出入口基坑 6m。	二级
	实验小学人行天桥，距主体基坑 20m。	二级
	DN800 雨水管沿车站纵向布置，距主体基坑水平距离 6~10 m。	二级
	DN500 给水管 (2 根) 沿车站纵向布置，距主体基坑水平距离 6~10 m。	二级
	600×300 通信管沟沿车站纵向布置，距主体基坑水平距离 6~10 m。	二级
	DN300 燃气管沿车站纵向布置，距主体基坑水平距离 6~10 m。	二级
	10kV 电缆沿大里程端头横向布置，距主体基坑水平距离约 20m。	二级

3.2.3 监测重难点分析及对策

中山公园站基坑监测重点为周边建 (构) 筑物、基坑围护结构和周边管线。

基坑周围环境复杂，基坑开挖深度较大，故此重点监测对象为基坑本身及周围环境，监测项目以变形监测为主，兼顾其他。重点监测基坑围护结构桩顶竖向位移与水平位移，桩体深层水平位移，周围建筑及管线竖向位移，桥墩竖向位移及差异沉降，地下水位变化以及支撑轴力监测。

3.2.3.1 基坑监测重点分析

(1) 监测点及时正确的安装、埋设，及时验收、获取初值并开展监测工作为监测工作的重中之重。为此，必须及时掌握施工进度及工况，督促施工方布设监测点，对监测点及时验收并开展监测工作，保证监测数据的完整性和实时性。为保证监测数据的连续性，测点的保护也是本站监测工作的重点。

(2) 中山公园车站基坑地质条件变化较大 (图 3-2-2)。小里程端地表至基坑底部分别为填土、全风化花岗岩、强风化花岗岩，大里程端头地表下 4.3m 即为中风化花岗岩层。小里程端基坑开挖时，有可能产生涌砂、涌泥等问题，因而应重点加强地下水位监测、围护结构变形监测、地表变形监测、深层土体变形监测。巡视时应重点关注基坑壁有无渗水、渗水量大小及浑浊度。

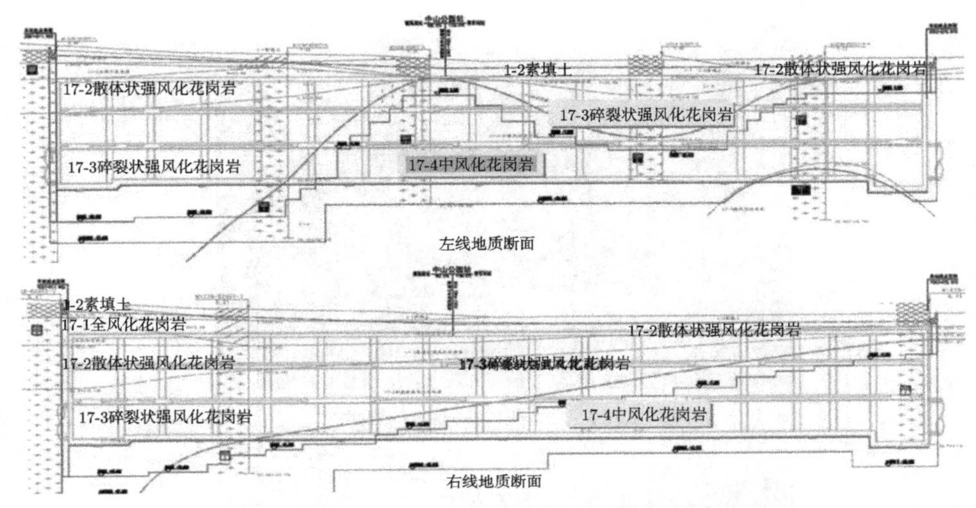

图 3-2-2 中山公园站地质剖面图

(3) 中山公园站基坑部分位于中风化及微风化花岗岩地层中 (图 3-2-2)，岩质坚硬，岩体基本质量等级为Ⅱ ～Ⅳ级，在围护结构施工及基坑开挖期间需进行爆破，对基坑周边建 (构) 筑物及地下管线，如信义里居民楼、燃气管线、人行天桥等，有一定的影响；同时由于地质条件变化较大，部分围护结构采用吊脚桩，频繁的爆破施工可能会影响桩撑 (桩锚) 支护体系的支护效果。因此，爆破施工影响基坑支护体系与周边环境的安全，爆破振动监测也是本站监测的重点。

在爆破振动监测工作中，需根据爆破区域布置爆破振动监测断面，在每个断面涉及的建筑物、管线等重点监测对象上布设爆破振动监测点，根据监测数据进行回归分析。结合中山公园站监测设计，将支护桩深层水平位移、支撑轴力、锚索拉力等常规监测项目与爆破振动监测断面一起组成爆破振动监测主断面，分析支护桩深层水平位移、支撑轴力、锚索拉力等监测物理量的变化与质点爆破振动速度之间的关系。

(4) 中山公园站周边大量低层建筑物为天然地基或浅基础，部分房屋建成年代久远，其中信义里 14 号之一 (图 3-2-3) 建成于 1946 年，在周边建筑物初始调查发现信义里部分居民楼已经出现倾斜的情况。在地铁施工期间，建筑物的允许变形值有所降低，使得建筑物的倾斜值超过控制值的可能性大大增加。因此信义里居民楼的倾斜监测是本站监测的重点。在监测工作开展之前，应利用已有资料或者测量建筑物初始倾斜量，为后续监测工作提供依据。

(5) 中山公园站小里程端有一座人行天桥 (图 3-2-4)，其中部分桥墩在围挡内，距离基坑距离仅 20m 左右，这座人行天桥做为实验小学的专用通道，经常有大量学生经过。因此桥墩竖向位移和差异沉降的监测是本站监测的重点。

图 3-2-3　信义里 14 号之一建筑

图 3-2-4　中山公园站人行天桥

(6) 中山公园站基坑宽度在 ZDK2+017 处出现较大变化，由 23.2m 变为 29.8m，该处支护结构形式也随之发生较大改变。如图 3-2-5 所示，阳角部位两侧土体出现临空面，应力状态不同于规则深基坑的开挖面，对地表应力水平、地下水位变化以及支护体系刚度等因素更为敏感，因此阳角部位也是本站监测的重点之一。

在监测设计中，可以在阳角部位设置监测断面，布设支护桩内力、支撑轴力、锚索拉力和支护桩表面及深部变形等监测点，与土体深层水平位移、地表沉降等基坑外测点形成监测断面体系。

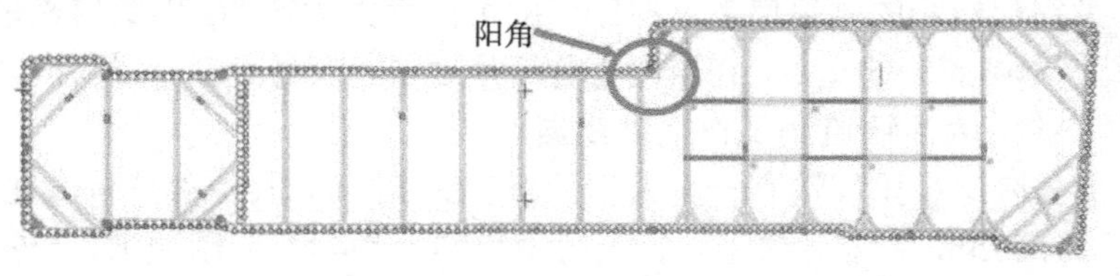

图 3-2-5　中山公园站基坑围护结构变化图

3.2.3.2 监测难点及对策

(1) 由于部分建筑物所属单位、业主不配合，导致应布设的测点无法布设 (图 3-2-6)，对此，可以利用已有的建筑物沉降观测点，或者调整监测点位置；同时需要积极与居民协商解决，以保证监测数据的完整性。

图 3-2-6 中山公园站信义里居民楼锁住的院门

(2) 中山公园站场地狭小，左线地表沉降测点不得不布设在城市主干道上，车站围挡外车流量大，对监测工作带来很大的困难。因此在布设测点时，尽可能将测点埋设在车行道分界线上或路边，在监测工作中应重点注意监测安全及行车对监测的干扰及影响。监测过程中对位于道路上的测点进行监测时，安排专人利用水马阻挡车辆，监测人员穿戴反光醒目工作服，注意安全，尽量在车流量少的时间段对该地段测点进行监测。

(3) 信义里居民楼附近，建筑物与建筑物之间距离很近，使得监测仪器不能架设在适宜观测的地方，容易造成观测视角太小，给建筑物倾斜监测带来一定的困难，对此，可采用差异沉降法监测计算建筑物倾斜度。同时，由于水平位移基准点需要选在四面通视，利于观测的地方，中山公园站场地符合条件的点位较少，给水平位移基准点的布设带来了很大的困难，针对这种情况，可以采用小角法进行监测。在基坑两端头基坑开挖影响范围外各建立 1 条平行于基坑轴线的基准线，基准线上基准点大于 3 点，以便于个别基准点破坏后进行修复。

(4) 自小里程端头到大里程端头桩底高程持续变化，支护桩底高程自 -24.55m 至 -2.15m，部分围护结构为吊脚桩。吊脚桩的桩体测斜管深度达不到基坑开挖深度，无法反映基坑周边岩体变形情况。针对这种情况，可考虑采用土体测斜管代替桩体测斜管。

3.2.4　监测项目设计及工程量

中山公园站基坑的工程自身风险等级评价为一级，周边环境风险等级评价为二级。根据《城市轨道交通工程监测技术规范》GB50911—2013 关于工程监测等级的划分规定，确定基坑监测等级为一级。

中山公园站基坑监测项目及工程量见表 3-2-4。

表 3-2-4　中山公园站基坑监测工程量表

监测项目	数量	监测项目	数量
建 (构) 筑物竖向位移	48 点	支护桩深层水平位移	17 孔
建 (构) 筑物倾斜	12 组	支撑轴力	12 点
建 (构) 筑物裂缝	5 点	立柱结构竖向位移	6 点
地下管线竖向位移	12 点	立柱结构水平位移	12 点
地下水位	9 孔	锚索拉力	9 点
土体深层水平位移	10 孔	坑底回弹	1 点
道路及地表竖向位移	75 点	爆破振动	现场确定
支护桩顶水平位移	17 点	支护桩钢筋应力	2 桩，16 点
支护桩顶竖向位移	17 点		

基坑监测点布置图见图 3-2-7 及图 3-2-8。

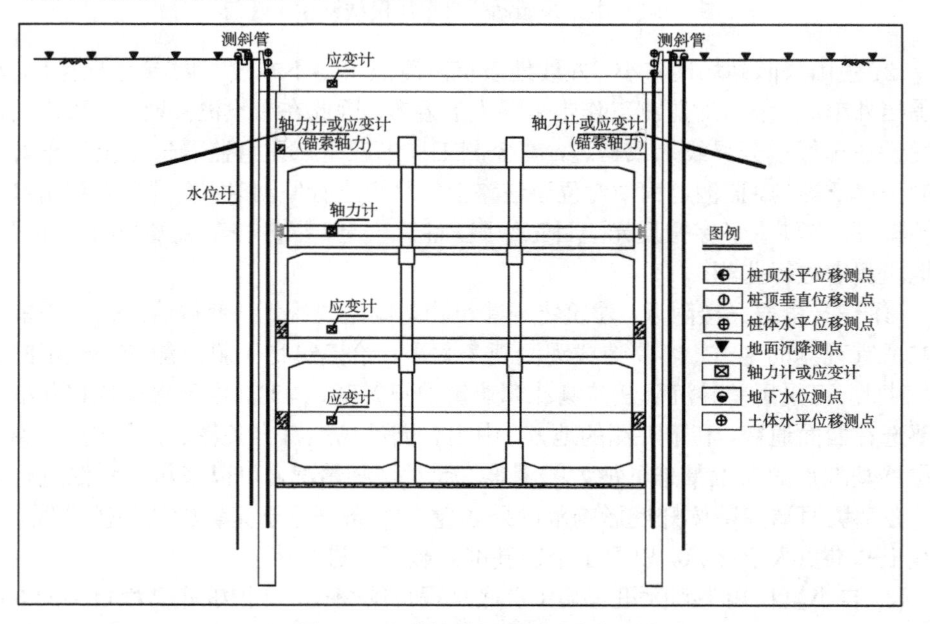

图 3-2-7　基坑监测剖面设计图

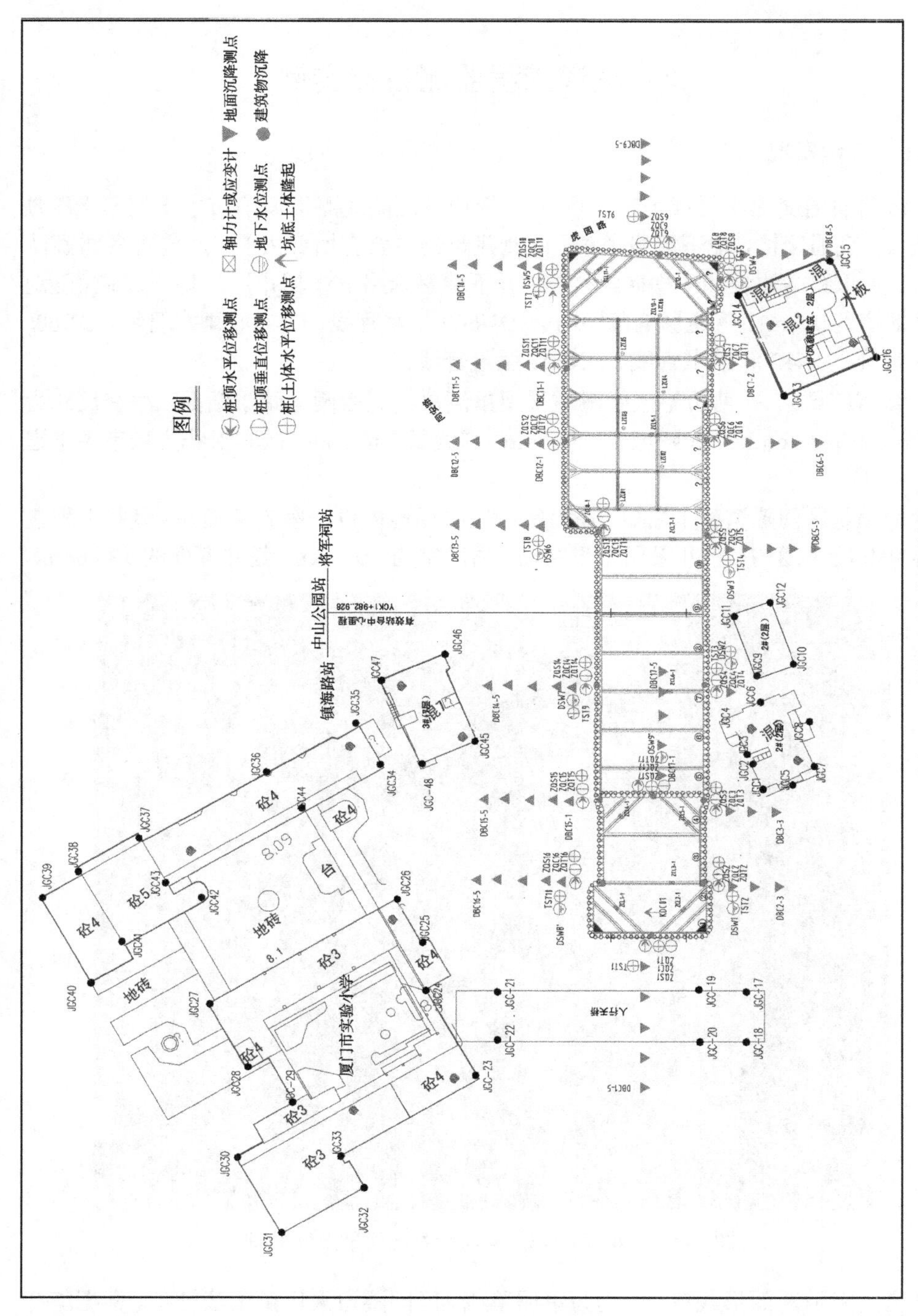

图3-2-8 基坑监测平面设计图

3.3　隧道工程监测设计实例

3.3.1　工程概况

厦门轨道交通 1 号线城市广场站 ~ 塘边站区间线路沿厦门市主干道嘉禾路地下敷设，交通繁忙，地下管线密集，两侧建筑物主要有怡鹭大厦、武警警备纠察队建筑、嘉禾路高边坡和一些砖混结构，并下穿嘉禾路 SM 城市广场地下通道 (隧道顶距通道约 2.3m)。隧道影响范围内有 DN500 雨水管线、DN600 雨水管线、DN600 给水管线、DN1200 给水管线、DN500 燃气管线。

城市广场站 ~ 塘边站区间隧道采用单洞单线五心圆马蹄形断面，净空尺寸为 5200mm×5430mm。左线隧道长 734.69m，右线长 744.10m。区间沿线为城市主干道 (图 3-3-1)。

为满足区间隧道施工需要，在沿线一空旷场地内设一座施工竖井，竖井工程包括竖井和施工通道。竖井采用矩形断面，内净空为 6m×8m，竖井深度约 18.654m。

图 3-3-1　城市广场站 ~ 塘边站区间平面位置图

区间隧道断面形式单一，均为单洞单线。区间隧道采用矿山法施工。根据隧道埋深及穿越地层情况，Ⅴ、Ⅵ级围岩地段隧道结构均采用预留核心土台阶法施工

(B、C、D、E 型断面)，II 级围岩地段隧道结构采用全断面开挖法 (A 型断面)。区间隧道采用的辅助施工措施主要有：地面降水、超前预注浆加固，主要针对区间穿越填石区域。区间隧道按照浅埋暗挖法原理施工，采用锚喷初期支护 + 模筑钢筋砼二次衬砌的结构型式。

竖井采用明挖顺作法施工，施工工序为：锁口圈梁浇筑–挂网喷砼–架设钢架–打设锚杆–网喷砼至马头门开洞处–马头门开洞与竖井开挖同步施作–马头门开洞进洞一倍洞高–竖井逐步开挖至底。

施工通道设计采用马蹄形断面，内净空宽 × 高为 4.0 m×4.0 m，结构型式为复合式衬砌。施工通道采用台阶开挖法，施工工序为：挂网喷砼–模筑二衬–堵头墙施作–正线隧道开挖完成–联络通道顶底板施作–联络通道周边回填–封堵墙施作。

隧道通过地层主要为人工填土、粉质粘土、残积砂质粘性土、全风化岩、散体状强风化、微风化岩，地层均匀性差，岩面起伏较大，受到区域断裂构造影响，场地内局部地段全 ~ 强风化层厚度大，多呈囊状或槽状风化，中、微风化基岩埋藏深，岩体较破碎，且各风化带基岩岩面起伏变化大 (图 3-3-2)。本区间隧道围岩级别包含 II 、V 和 VI 级。

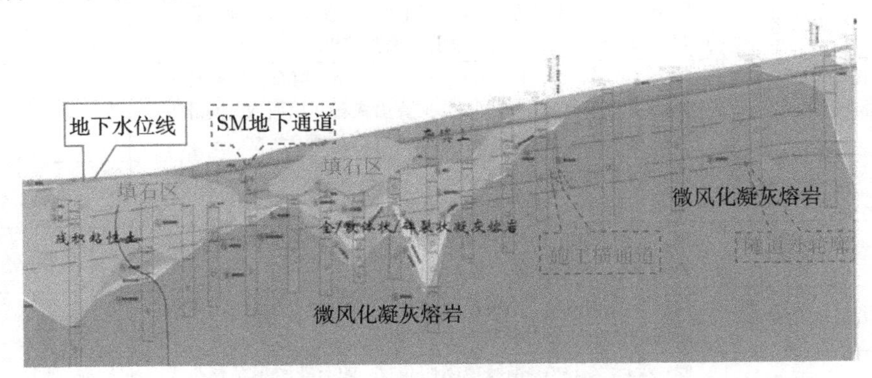

图 3-3-2 城市广场站 ~ 塘边站区间右线地质剖面图 (详见书后彩图)

本工程的主要不良地质作用为流泥、流砂等，以及软土地基强度低、稳定性差，易产生不均匀沉降和变形大等问题；特殊性岩土主要为人工填土、填石、软土、风化岩和残积土。

大气降水的渗入为场区地下水的主要补给来源，其次为相邻含水层的侧向补给。地下水动态受季节影响较明显，年水位变化幅度约 0.5 m。

3.3.2 工程风险源分析

结合城市广场站 ~ 塘边站区间地质资料、施工组织设计以及周边环境特点，将区间影响范围内可能存在的风险源分为地质、施工及周边环境风险源。

(1) 地质风险源来自于场地内的特殊性岩土，隧道穿越地层主要为填石、中砂、粉质粘土、残积土、全风化、散体状强风化及碎裂状强风化岩。填石区域总体呈松散状，工程性能不良，是浅埋暗挖隧道的地下障碍物之一。残积土具有泡水易软化崩解的特性，遇水后其力学性质显著降低。残积土及全风化岩在动水压力作用下，易产生涌泥、涌砂和坍塌现象。

(2) 施工风险源来自于爆破施工以及支护结构，包括矿山法支护及竖井支护结构的施工质量、防水效果。

(3) 环境风险源来自于周边重要建筑物、SM 地下通道地下管线及其他市政基础设施。城 ~ 塘区间周边重点建筑物风险源和周边主要地下管线风险源见表 3-3-1 所示。

表 3-3-1　算法的参数设置

风险源	风险点基本状况描述	风险等级
隧道主体	断面尺寸 5.2m×5.43m，隧顶埋深变化较大；上覆素填土、残积土、填石、强分化和中风化花岗岩	II 级
竖井	深度约 18.654m，内净空为 6m×8m	III级
SM 地下通道	隧道下穿，与隧道正交，隧道顶距通道底 2.3m；地下通道尺寸 4.4m×3.5m；相邻位置关系为接近	II 级
填石区	填石范围为左线 395.4m；右线 42.5m，填石位于隧道上断面或隧道顶部，填石成分主要由块石回填而成，间隙冲填少量粘性土等，块径约 5~10cm，最大可达 50cm	I 级
DN1200 给水管	砼，埋深 2.4m，沿隧道纵向布设，距左线隧道结构水平距离 5.8~6.5 m；相邻位置关系为接近	II 级
DN500 燃气管	钢，埋深 1.4m，沿隧道纵向布设，距左线隧道结构水平距离约 5m；相邻位置关系为接近	II 级
DN600 雨水管	砼，埋深 2.52m，沿隧道纵向布设，距左线隧道结构水平距离约 10m；相邻位置关系为接近	III级
DN500 雨水管	砼，埋深 2.34m，沿隧道纵向布设，距右线隧道结构水平距离约 9m；相邻位置关系为接近	III级
DN600 雨水管	铸铁，埋深 2.73m，沿隧道纵向布设，距右线隧道结构水平距离约 12m；相邻位置关系为接近	III级

3.3.3 监测重难点分析及对策

3.3.3.1 隧道监测重点及对策

(1) 区间隧道穿越填石区域 (图 3-3-3)，填石区域左线长 395.2m、右线长 34.8m。填石区域总体呈松散状，工程性能不良，隧道穿越施工时容易松动、垮落，造成顶板冒落和底板塌陷，两帮围岩向隧道内移动。在填石区域施工过程中，会在隧道两侧设置降水井，作为应急措施使用，并在掌子面打设超前探水孔，以掌握掌子面前方地下水情况。施工降水会引起隧道上方地层固结沉降。而在该区域隧道上方附近分布有 DN500 燃气管、DN1200 给水管和 DN500 雨水管以及 SM 地下通道，地层的固结沉降将会带动周边地下管线和建 (构) 筑物发生不同程度的沉降。应重点关注该区域的沉降监测情况。

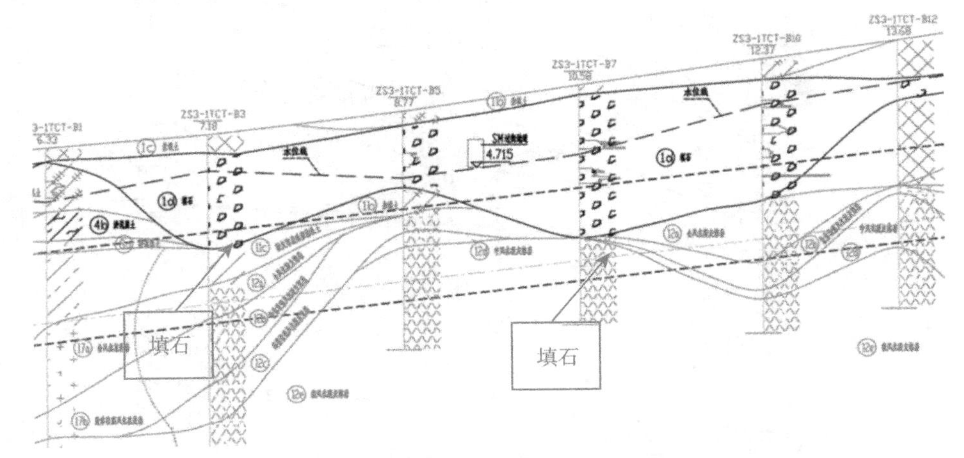

图 3-3-3 隧道左线与填石区域位置关系图

因此对地下管线和建 (构) 筑物要加强竖向位移监测，并关注其差异沉降，且对有压管线宜布设直接监测点；对于有砂层存在的区域在隧道两侧布设土体深层位移监测孔；在填石区沿线布设地下水位监测孔，并结合地下水位与竖向位移监测成果进行相关分析。

(2) 本区间存在透水性较好的中砂层和填石 (图 3-3-4)，且穿越残积粘性土，残积粘性土遇水发生软化。在掌子面前方和上方同时存在强透水性和遇水易软化的地层，易发生涌水、涌砂的现象，导致地表塌陷。因此必须加强在该段的地表和建 (构) 筑物沉降监测，并在该区域布设地下水位监测孔，结合地下水位与竖向位移监测成果进行相关分析。

(3) 区间隧道下穿 SM 地下通道。SM 地下通道与隧道走向正交，通道底距离隧道顶 2.3m，如图 3-3-5 所示。区间隧道近距离下穿施工，将不可避免地引起地层变形，对 SM 地下通道产生不利影响。

鉴于区间隧道施工对 SM 地下通道存在较大风险，需在隧道施工前对地下通道进行详细的初始调查和记录；在地下通道布设地表沉降监测断面，加强对通道的沉降和差异沉降观测，同时在隧道内部布设监测断面，加强支护结构和围岩的变形监测。

(4) 本区间隧道影响范围内地下管线众多，包括 DN500 燃气管、DN1200 给水管等压力管线。针对此类管线宜布设直接监测点，尤其是在降水区域，应密切关注其沉降和差异沉降。对于 DN600 雨水管、N500 排水管可布设间接测点进行监测，可与地表沉降监测点共用。在矿山法施工区域，爆破作业对地下管线也会产生一定的影响，因此还需加强地下管线的爆破振动监测。

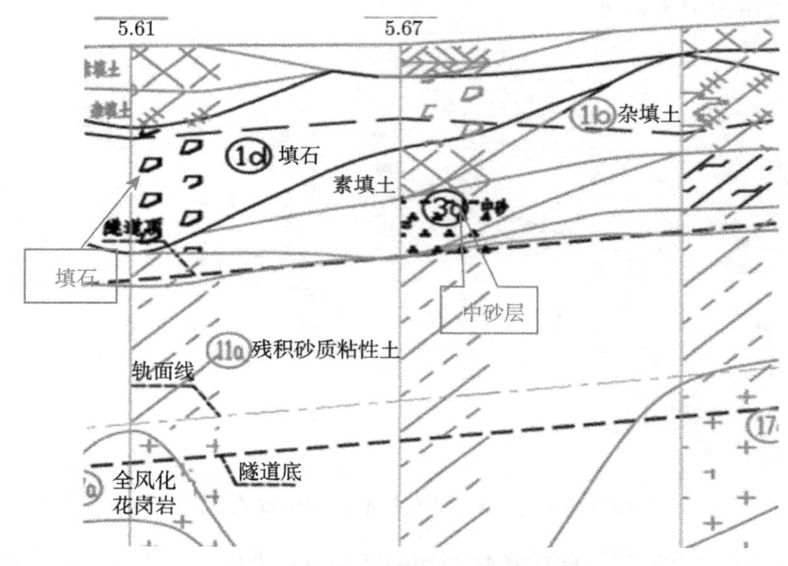

图 3-3-4　区间隧道中砂层分布图

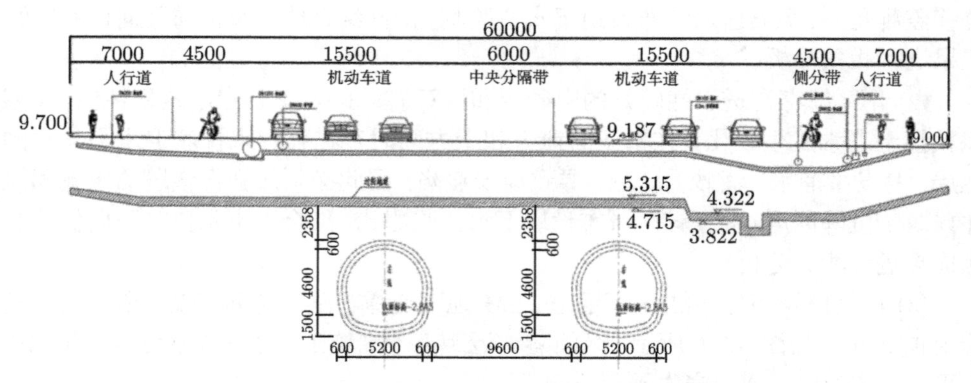

图 3-3-5　区间隧道与 SM 地下通道位置关系图

(5) 区间里程 DK9+330 附近存在地质分界线，且该地质分界线与隧道相交，如图 3-3-6 所示。

由于地质作用，该分界线附近可能存在具有强透水性的地质破碎带，与上覆富水地层形成水力联系，在掌子面推进至地质分界线时，可能会发生涌水现象。因此该处地表沉降和地下水位都是监测重点。在该段加强地表沉降监测，能够及时了解地表沉降情况并采取相应的处理措施，同时设置水位孔进行地下水位监测，并将水位孔与地表沉降点布设在同一断面以便于数据分析。

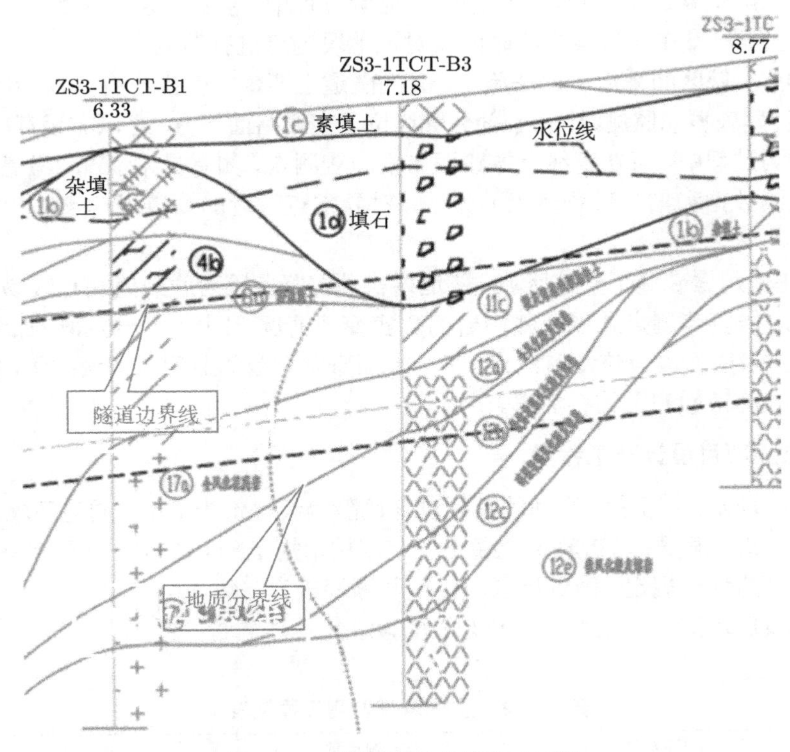

图 3-3-6 推测地质分界线 (左线)

(6) 本区间隧道沿线围岩条件变化较大，隧道洞身分别经历Ⅱ、Ⅲ、Ⅴ及Ⅵ级围岩，隧道开挖方式随着围岩条件的改变也会相应调整。因此，在隧道地质变化区域，需加强隧道围岩收敛及拱顶沉降监测，并根据隧道地质素描及现场巡视情况及时布设监测点进行监测。

(7) 在区间隧道开挖前应对周边建筑物、桥梁等做初始调查工作，开挖期间应及时对已有裂缝布设监测点，掌握裂缝的发展趋势，及时预警保证建筑物的安全。在区间监测工作实施时，及时在区间隧道自身支护结构和建 (构) 筑物、地下通道、地下管线上布设相应监测点，按监测设计频率及时进行监测。

3.3.3.2 本区间监测难点及对策

(1) 城 ~ 塘区间隧道主要沿嘉禾路铺设，大多数地表沉降测点不得不布设在城市主干道上，并且测点众多。该路段地处车流密集，这对地表沉降等监测工作带来很大困难。因此在埋点时注意将测点埋设在车行道分界线上或路边，在监测工作中应重点注意监测安全及行车对监测干扰及影响。在现场布设测点条件不好的情况下，可适当减少位于次要影响区和可能影响区范围内的地表沉降监测点，适当在区间隧道相应位置加密拱顶沉降监测点。监测过程中，需穿戴反光醒目工作服，注意交通安全，尽量在车流量少的时间段对该地段测点进行监测。

(2) 城 ~ 塘区间采用矿山法施工，且在隧道主要影响范围内有 DN500 燃气管线。在进行爆破振动监测时，由于部分管线位于交通路面下方，难以布设直接测点。在实际监测过程中，可在管线上方路面布设间接测点。如有异常情况，考虑通过分析已有监测数据和增加现场测点的方法，对异常点附近的爆破振动衰减规律进行回归分析。

(3) 在采用爆破施工开挖区域，隧道内拱顶沉降及围岩收敛监测点较易遭到破坏，需及时修复监测点才能获知围岩的真实变形情况。因此，一方面应加强巡检，督促施工方及时布设及修复监测点，另一方面研发有效的监测点埋设技术，提高监测点在爆破施工影响下的存活率。

3.3.4　监测项目设计及工程量

城市广场站 ~ 塘边站区间的工程自身风险等级评价为二级，周边环境风险等级评价为二级。根据《城市轨道交通工程监测技术规范》GB50911—2013 表关于工程监测等级的划分规定，确定该区间工程监测等级为二级。

监测项目及工程量见表 3-3-2 及表 3-3-3。

表 3-3-2　区间隧道监测工程量表

序号	监测项目	测点数	备注
1	建 (构) 筑物竖向位移	11	
2	建 (构) 筑物倾斜	/	根据实际情况布设
3	建 (构) 筑物裂缝	现场调查资料确定	当出现新裂缝时，应增设监测点
4	地下管线竖向位移	140	
5	地下水位	10	
6	地表沉降	283	
7	爆破振动	/	根据实际情况布设
8	初期支护结构净空收敛	148	
9	初期支护结构拱顶沉降	148	
10	土体深层水平位移	4	
11	土体分层竖向位移	/	根据施工情况确定
12	初期支护结构底板竖向位移	/	必要时监测
13	初期支护结构应力、二次衬砌应力	/	选测

表 3-3-3 竖井监测点布置

序号	监测项目	测点数	备注
1	竖井井壁支护结构净收敛	16 点	
2	土体深层水平位移	4 孔	
3	爆破振动	/	根据实际情况布设
4	建 (构) 筑物竖向位移	2 点	
5	建 (构) 筑物裂缝	现场调查资料确定	当出现新裂缝时，应增设监测点

基坑监测点布置图见图 3-3-7 及图 3-3-8。

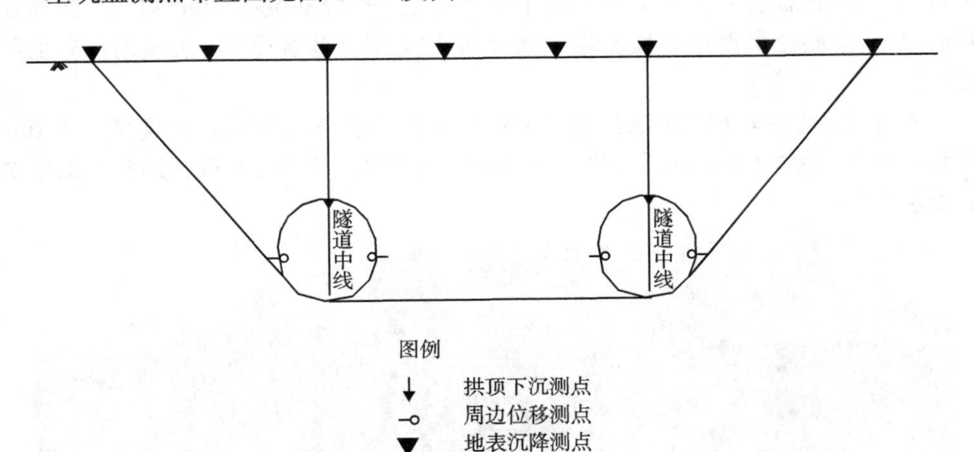

图 3-3-7 隧道监测剖面设计图

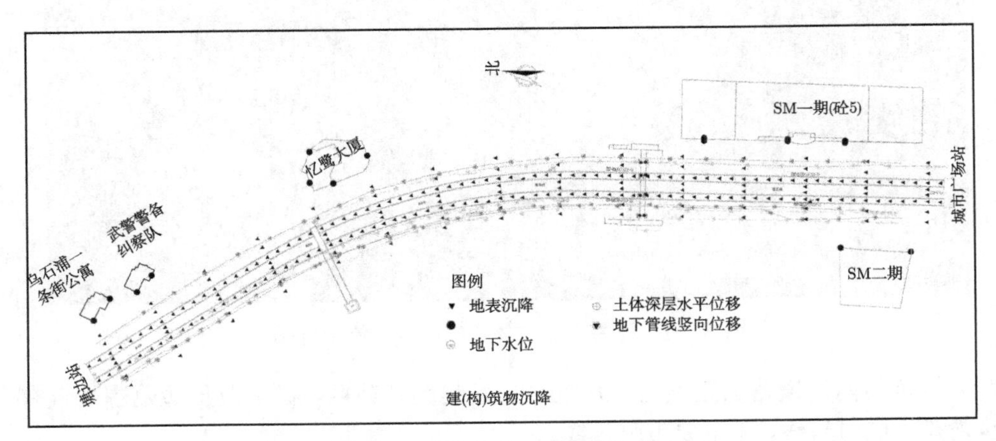

图 3-3-8 区间隧道监测平面设计图

3.4　边坡工程监测设计实例

3.4.1　工程概况

在建冰雪世界项目位于长沙市岳麓区坪塘镇山塘村—狮峰山村地段，坪塘大道东侧、清风南路南侧，原湖南省新生水泥厂采石场桐溪湖矿坑。冰雪世界位于采石形成的矿坑上，矿坑为经人工采石而成似椭圆形的岩质矿坑，其长直径约 230m、短直径约 180m。坑壁边坡坡度一般在 70° 以上，一般高度在 70m 以上，最高处有近 100m，整个坑壁边坡长度约 600m，边坡大部分基岩裸露，坑壁顶部有土层覆盖。

冰雪世界主体结构主要通过位于坑底的柱子支撑，部分荷载落在坑壁边坡 16m 标高平台上 (图 3-4-1)。坡顶的冰雪世界地下室采用桩基础将荷载传递到下部稳定岩土层中。

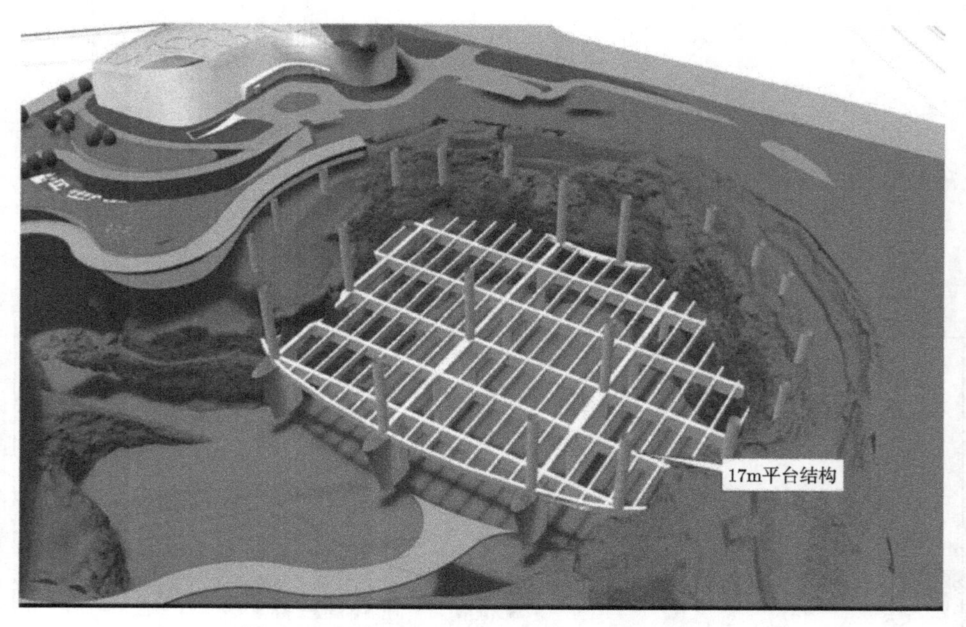

图 3-4-1　冰雪世界主体支撑结构三维示意图

矿坑与两侧道路的距离为 50~80 m。场地为待建区，矿坑及周边范围内仅有少量施工临时管线，无重要市政管线。

边坡在自然状态下整体稳定，为保证边坡开挖以及上部结构施工期间边坡的安全，确保冰雪世界主体建筑在设计使用年限内边坡的稳定，需对边坡进行加固和监测。

3.4.2　工程地质条件与水文地质条件

场地勘察深度范围内，岩土层主要为土、砾–卵石、灰岩及溶蚀物，边坡岩体主要为灰岩。边坡大部分基岩裸露，坑壁顶部有较薄的红褐色人工填土和褐黄、褐灰色粉质粘土夹砾石 (图 3-4-2)。

根据钻孔资料地层可分为：人工填土、淤泥质粉质粘土、耕土、粉质粘土、含砾粉质粘土、圆砾、卵石、残积粉质粘土、微风化灰岩、溶洞填充物、溶洞。

图 3-4-2　冰雪世界矿坑地形地貌

边坡岩体表面见裂隙性溶蚀风化现象，沿断层、裂隙及层面等结构面溶蚀风化现象较普遍，风化裂隙较发育，结构面胶结物蚀变明显或溶蚀充泥现象普遍 (图 3-4-3)，溶蚀风化张开宽度一般 3~10 mm 不等；结构面间的岩石组织结构无变化，保持原始完整结构，岩石表面或裂隙面风化蚀变或褪色明显；岩体完整性受结构面溶蚀风化影响明显，岩体强度略有下降。

图 3-4-3　矿坑边坡典型地形地貌

边坡主要见溶蚀裂隙、溶蚀沟槽和少量溶穴。结合矿坑周边钻孔已揭露的主要溶洞在空间的分布情况，分为溶穴、槽状溶洞、溶蚀破碎带和溶蚀裂隙发育带。

场地深度范围内地下水主要为上层滞水及孔隙潜水、基岩裂隙水。上层滞水分布于场地的人工填土中，孔隙潜水分布于场地的圆砾、卵石层中，两者均主要受大气降水及地表排水补给，水量均较小、基岩裂隙水存在于场地基岩灰岩中。

3.4.3 工程风险源分析

根据地勘报告、边坡支护设计、上部结构设计等资料，可将冰雪世界矿坑边坡的工程风险源分为地质、施工及周边环境风险源。

(1) 地质风险源来自于场地内的特殊性岩土，主要为深厚人工填土层与溶蚀裂隙、溶蚀沟槽等不良地质体。矿坑边坡陡峻，地形高差大，未支护暴露超过 60 年。岸坡表部局部发育断层破碎带及其影响带、节理密集带、顺坡向中缓倾角层间结构面、溶蚀裂隙和各方向陡倾角溶蚀裂隙。局部边坡顺断层或节理密集带走向开挖(图 3-4-4)，坡面局部附有较多的断层影响带和节理密集带破碎岩体。边坡尤其是开口线以下 10~20 m 卸荷明显。顺溶蚀裂隙局部发育溶穴、溶沟、溶槽，局部形成岩溶塌陷。边坡上部尤其是开口线附近局部形成拉张裂缝、溶蚀裂缝，产生局部崩塌、滑动，形成危岩体。

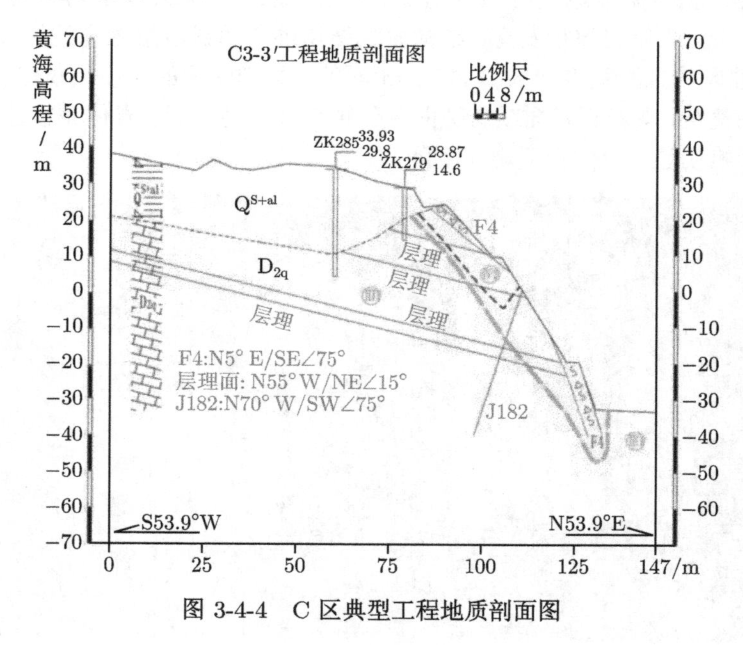

图 3-4-4　C 区典型工程地质剖面图

(2) 施工风险源来自于边坡支护结构的施工质量、边坡坡体排水效果及爆破施工。

(3) 环境风险源来自于周边重要建 (构) 筑物。由于冰雪世界为规划中的旅游区，除了与之有接触的上部主体结构外 (图 3-4-5)，还有与之配套的商业建筑、桥梁、道路等设施都在边坡影响范围之内。

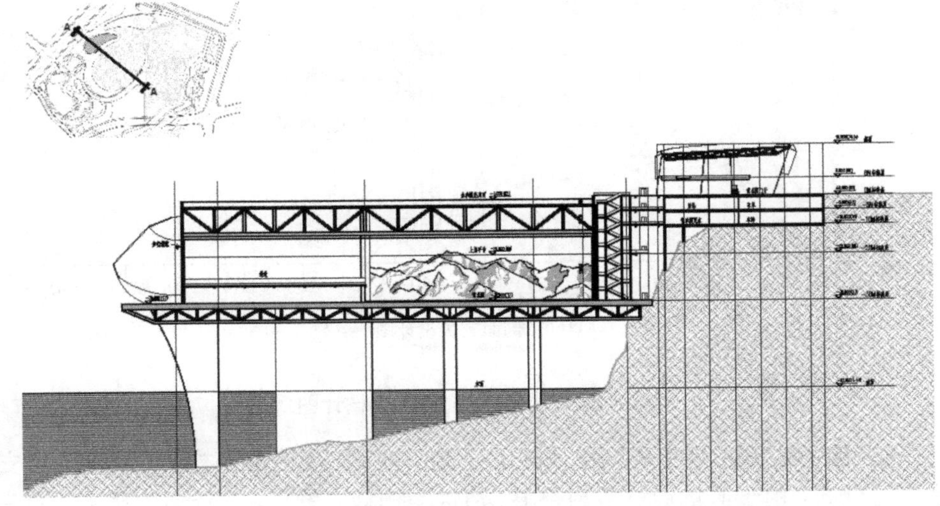

图 3-4-5 冰雪世界项目主体结构与边坡关系示意图

3.4.4 监测重难点分析

由于边坡支护范围及深度较大，且矿坑内有多个施工项目交叉进行，环境复杂，为此重点监测对象为边坡支护结构、与边坡坡体有直接接触的 (建) 构筑物、监测项目以变形监测为主，兼顾其他。重点监测边坡支护桩顶竖向位移与水平位移、桩体深层水平位移、锚索拉力、建 (构) 筑物墩柱竖向位移及倾斜、爆破振动速度、地下水位变化等。

(1) 边坡施工期监测项目的选择上，应通盘考虑施工期的各个阶段且与上部结构监测相结合，并充分考虑运营期监测的延续性，尽可能采用一些自动化监测手段。

(2) C 区边坡高度为 20m，其中悬臂高度为 10m，采用双排桩 + 预应力锚索支护。由于 C 区局部存在约 32m 厚人工填土层 (图 3-4-6)，加上人工填土层的物理力学参数值很低，作用在双排桩上的土压力很大。因此，在边坡下挖过程中的双排桩变形和锚索受力成为监测重点，需重点开展支护桩深层水平位移和锚索拉力监测，同时对边坡各级台阶进行水平位移和竖向位移监测，对桩后土压力进行监测。还需在桩后设置地下水位孔，监测桩后地下水位，以检验泄水孔的排水效果。

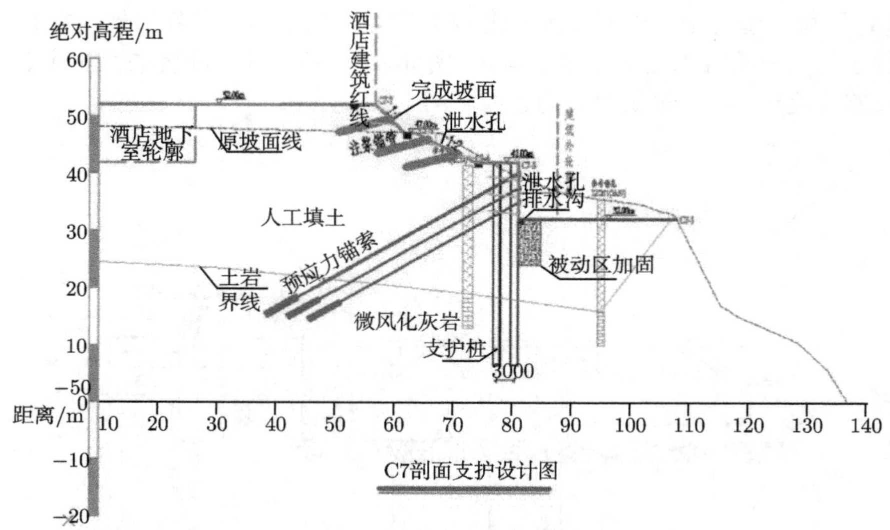

图 3-4-6　C 区典型剖面支护设计图

(3) 预应力锚索是整个矿坑边坡的主要支护方式，在桩锚支护区、岩质边坡支护区广泛分布。由于矿坑边坡溶蚀裂隙、溶蚀沟槽极为发育，对锚索的施工质量有较大影响。因此，进行锚索拉力监测来检验锚索锚固效果尤为重要。

(4) C 区 C8 区域支护桩前存在爆破开挖区域 (图 3-4-7)，频繁的爆破施工可能

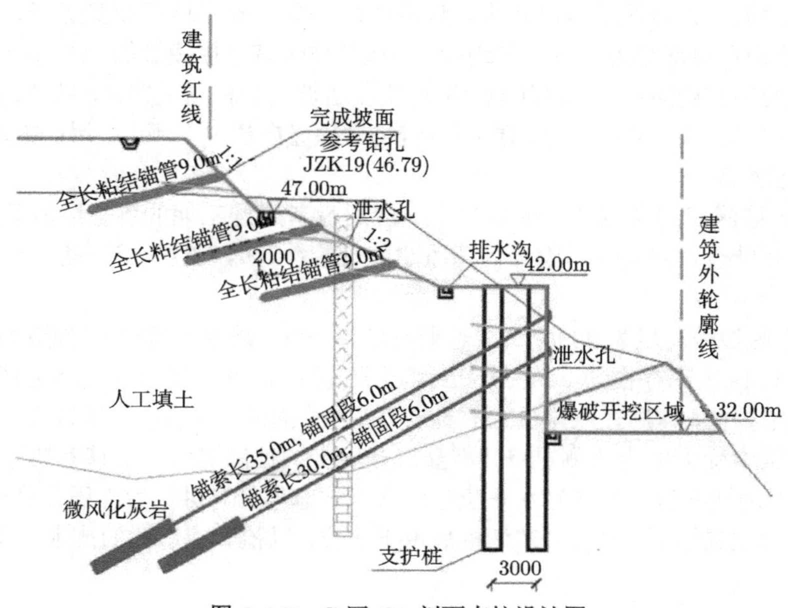

图 3-4-7　C 区 C8 剖面支护设计图

会影响桩锚支护体系的支护效果，从而影响边坡支护体系的安全，爆破振动监测是该区域监测的重点。在现场监测工作中，应将支护桩深层水平位移、锚索拉力与爆破振动监测结合起来，分析支护桩深层水平位移、锚索拉力等监测物理量的变化与质点爆破振动速度之间的关系，用来指导施工。

(5) 部分上部主体结构柱、桥梁墩台、下坑道路等设施都在矿坑边坡范围之内，需要加强水平位移和竖向位移监测，对结构柱、桥墩等还需进行倾斜监测。

3.4.5 监测项目设计

根据《建筑边坡工程技术规范》GB 50330—2013 关于监测的要求，结合《建筑基坑工程监测技术规范》GB 50497—2009，确定以下监测项目：

(1) 深部水平位移监测断面由最上端一级马道、16 平台，每隔 60m 分别在上述部位设置 1 个监测点，并与水平位移监测点布置在一起。对桩锚支护结构，监测点间距减小为 30m。土体测斜孔的测斜管底部进入岩层以下不少于 5m，16m 标高平台上的深部位移监测点埋设深度宜超过下一级边坡高度。

支护桩内的深部水平位移监测布置在支护桩阳角、坑底深厚土层处及最大悬臂高度段的前、后排桩均布置监测点，每隔 20m 设置 1 个监测点，测斜管须埋设至支护桩底部。

(2) 在支护桩后设置侧向土压力监测点，分别位于底部、2/3 高度、1/3 高度处。

(3) 对非预应力锚杆拉力进行监测，监测数量为总数的 5%；对预应力锚杆拉力进行监测，监测数量为总数的 10%。

(4) 岩质边坡预应力锚索拉力监测数量为总数的 10%，支护桩锚索的拉力监测数量为总数的 15%。

(5) 对支护桩主筋开展应力监测，悬臂部分每隔 2m 设置应力测点，插入部分每隔 3m 设计应力测点，监测数量不少于桩数量的 10%，且不少于 6 根，桩后回填区应开展沉降监测，监测点间距 20m。

(6) 依据勘察报告选择监测区域，地下水位监测点每 50~100 m 设置一个。分析地下水，渗水与降雨关系：在土坡区域每 50~100 m 设置一个地下水位监测点；边坡开挖后可在出水点处设置监测点，监测地下水、渗水与降雨关系，点数不少于 3 个，降雨监测点不少于 1 个。

(7) 针对爆破施工，对保留岩体、周边支护结构及上部结构基础进行爆破振动监测。

边坡监测频率如下：

(1) 边坡加固期间：施工之前应进行 2 次初始值采集，边坡及上部主体施工过程中约每天观测 1 次。

(2) 现场巡视：每天 1 次。

(3) 遇到暴雨或位移、应力较大等异常情况时，应适当加密观测次数。

(4) 边坡加固完成后以及上部主体施工完成后的监测时间不宜少于 2 年。按每 1 个月观测一次进行。

边坡监测控制值见表 3-4-1。

表 3-4-1 各监测项目控制值表

序号	监测项目	控制值
1	不均匀沉降	0.002
2	坡顶水平位移	30mm，3mm/d
3	坡顶竖向位移	30mm，3mm/d
4	深部水平位移	0.85×0.1%H，2mm/d
5	非预应力锚杆拉力	大于设计值的 80%
6	预应力锚杆 (索)	小于设计值或大于设计值倍
7	爆破振动速度	参考爆破相关规范，通过试验确定
8	地下水位	累积下降 ≤4000mm 或 500mm/d

矿坑边坡典型区域监测设计见图 3-4-8 及图 3-4-9。

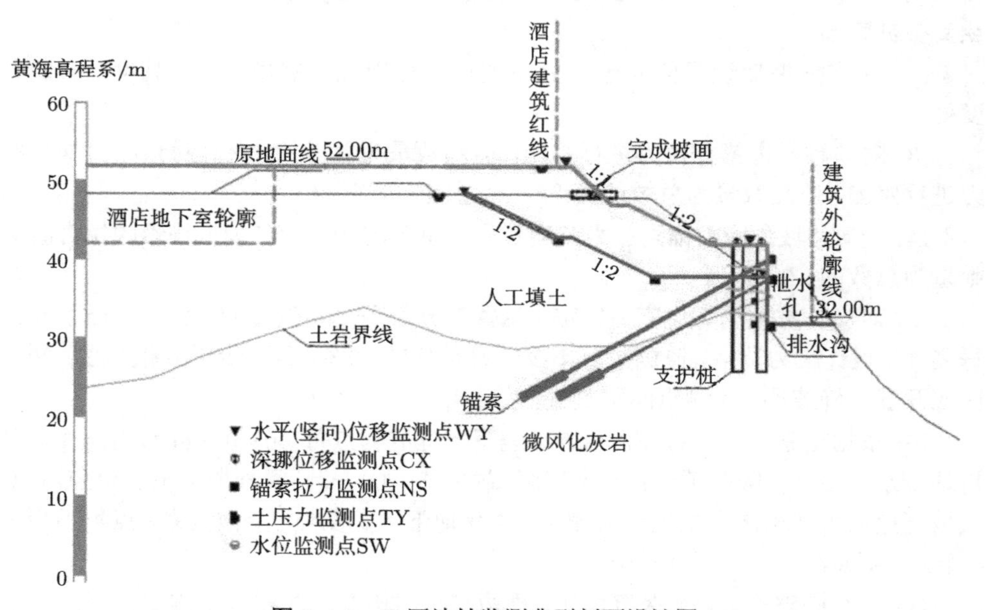

图 3-4-8 C 区边坡监测典型剖面设计图

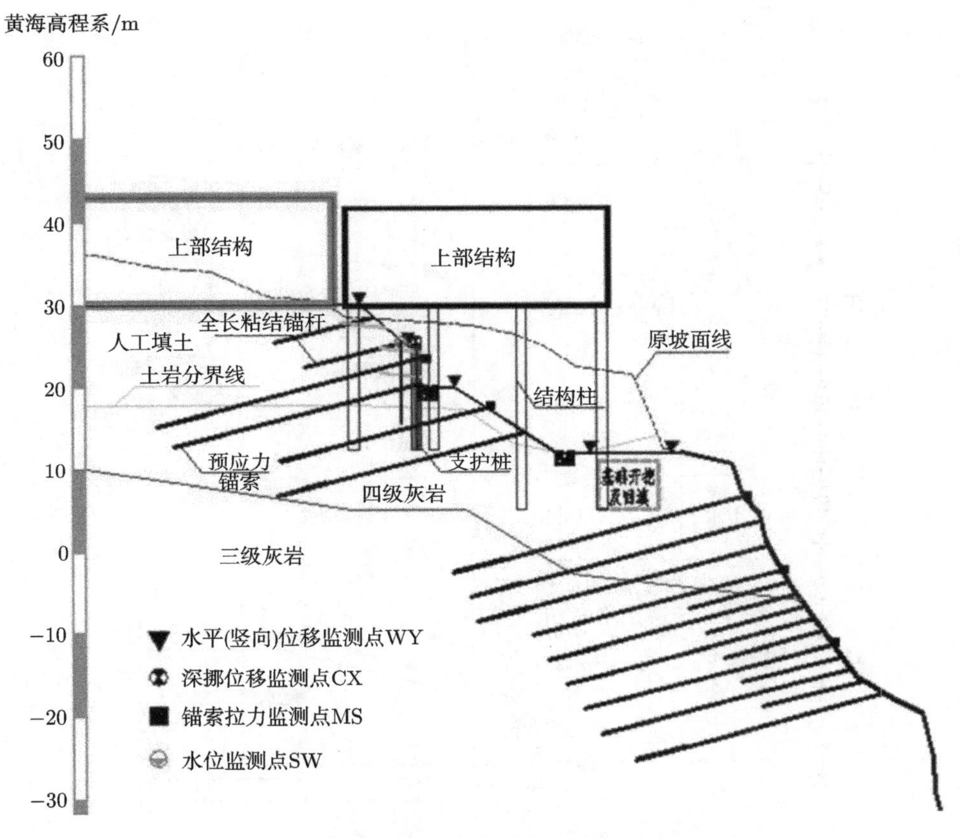

图 3-4-9　上层村落区域边坡监测典型剖面设计图

3.5　地下工程围岩变形监测设计实例

结合水布垭水利枢纽地下厂房工程介绍施工期围岩变形快速监测专项设计。

3.5.1　工程概况

水布垭水利枢纽位于湖北省清江中游河段巴东县境内，工程的主要任务是发电，兼顾防洪、航运及其他。水布垭地下厂房由主厂房、引水洞、母线洞、尾水洞等洞室群组成 (图 3-5-1)。其中主厂房平面尺寸为 141m×23m (其中机组段长 102m，安装场长 39m)，横剖面为城门洞型，断面尺寸 23m×68m (宽 × 高)。

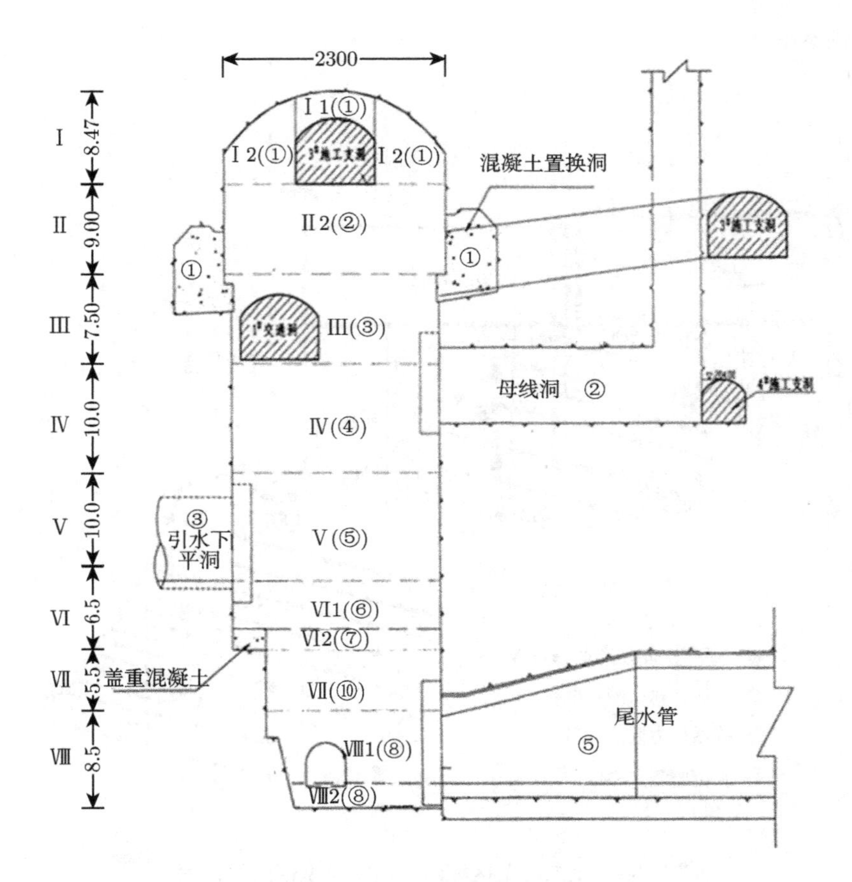

图 3-5-1　地下厂房开挖横剖面图 (单位：高程 m，尺寸 cm)

水布垭水利枢纽地下厂房布置在清江右岸，位于坝子沟、张性大断层 F2、马崖高边坡以及清江右岸岸坡所围成的四边形山体之内，规模较大的 F3 贯穿其间。厂房区地层产状平缓，地层结构软硬相间，软岩岩组所占比例高，且岩体中层间剪切带广泛发育，厂房区内中、小断层发育，在水轮机层以上为软硬相间的栖霞组灰岩，以下由栖霞组第一段 (P1q1)、马鞍组 (P1ma)、黄龙组 (C2h) 及写经寺组 (D3x) 等软弱岩体组成，尾水洞大部分在写经寺组软岩中通过。这种复杂地质条件对厂房洞室群开挖、支护及围岩稳定十分不利。厂房洞室群中的软岩成洞、主厂房顶拱与边墙稳定、岩壁吊车梁持力层稳定、主厂房内主要交叉洞口处岩体稳定、主厂房机窝围岩稳定等均是设计与施工中的主要工程地质问题。

3.5.2　监测设计

基于水布垭水利枢纽地下厂房地质条件的复杂性，有必要对水布垭水利枢纽地下厂房施工期开展围岩变形快速监测与动态反馈分析、设计优化研究工作，为此对地下厂房施工期岩体表面和深部变形实施专项监测，实现施工开挖围岩变形的快速反馈，有利于指导地下厂房施工，为工程安全施工提供了基础性资料。

岩体表面和深部变形监测分别采用高精度的全站仪和滑动测微计进行，这在国内大型水电工程地下厂房尚属首次。

岩体表面三维非接触变形监测采用徕卡 TCA2003A 全站仪进行，仪器精度为 1mm ＋ 1ppm 及 0.5″，附属设备包括棱镜、反光膜片、强力照射灯等。岩体深部变形监测采用瑞士 SOLEXPERTS 公司生产的滑动测微计，精度为 0.003mm，附属设备包括测头导向链、连接杆、绞车、二次仪表等。

测点布置

岩体表面和深部变形监测点设计示意见图 3-5-2。其中滑动测微计测孔采取预埋形式，通过对测孔的监测可以很好地掌握在地下厂房逐层下挖过程中围岩的变形情况。

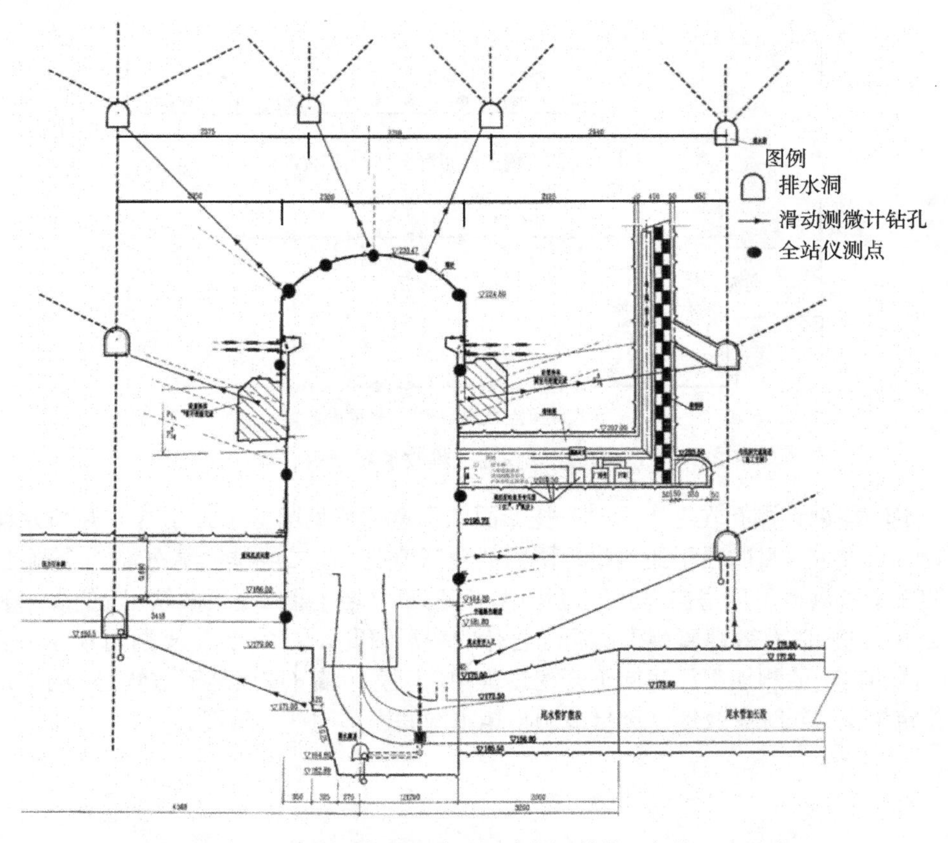

图 3-5-2　地下厂房断面监测点布置示意图 (单位：高程 m，尺寸 cm)

三维收敛监测测点在地下厂房开挖断面的示意位置见图 3-5-3 及图 3-5-4。一般自厂房 II 层以下上、下游侧墙每断面 2 个测点，每 10m 左右布设 1 个断面。

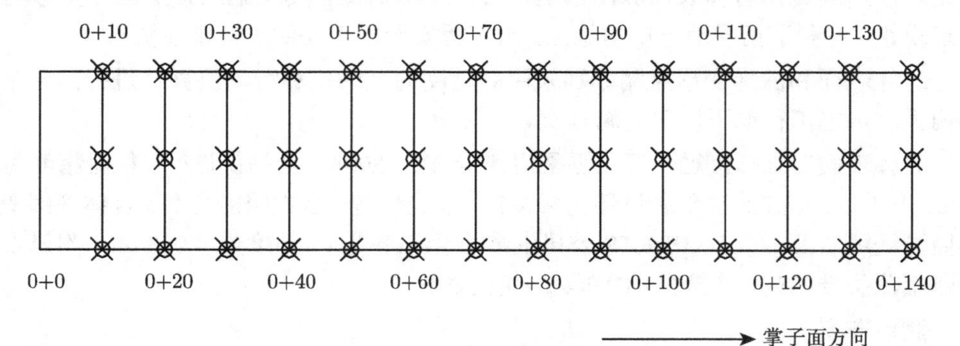

图 3-5-3　三维收敛布设测点俯视图 (桩号单位：m)

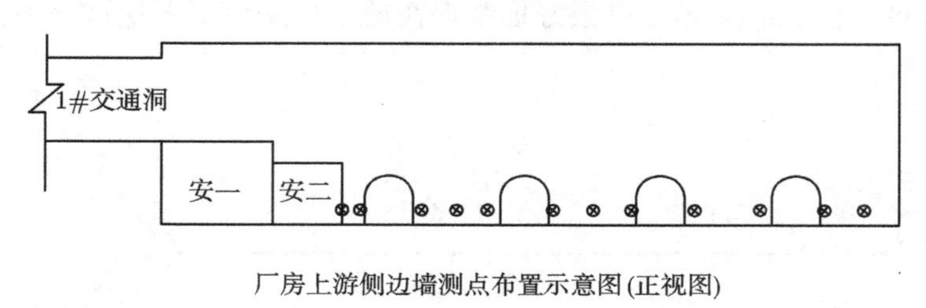

厂房上游侧边墙测点布置示意图 (正视图)

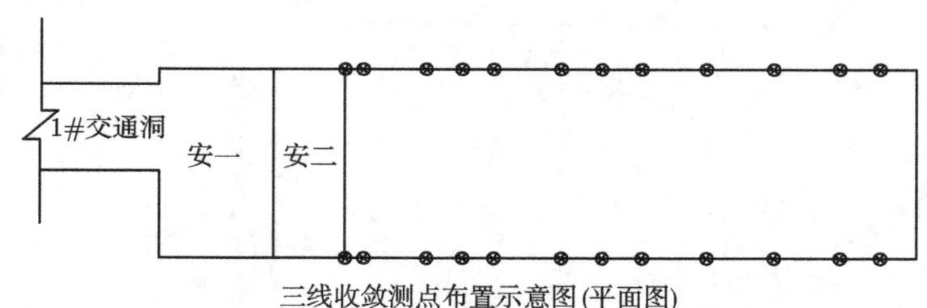

三线收敛测点布置示意图 (平面图)

图 3-5-4　厂房Ⅳ层开挖后三维收敛布设测点示意图

滑动测微计测孔在地下厂房开挖断面的示意位置见图 3-5-5。其中一层排水洞布置 3 个测孔，目的在于监测拱顶围岩的变形情况。在二层排水洞布置 3 个测孔，目的在于监测地下厂房向下开挖过程中，厂房直立墙 (重点是下部软岩) 的变形和稳定情况，同时有效地监测引水洞间岩体的变形情况。在 $4^{\#}$ 施工支洞布置 5 个测孔，目的在于监测地下厂房向下开挖过程中，厂房边墙 (重点是下部软岩) 的变形和稳定情况，同时有效地监测母线洞与尾水洞间岩体的变形情况。

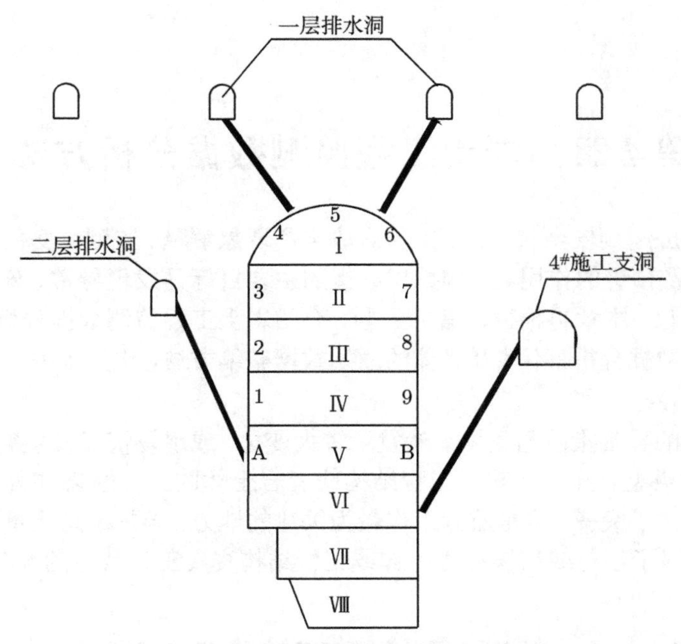

图 3-5-5 滑动测微计监测点布置断面示意图

第 4 章　岩土工程监测数据分析方法

监测工作应起到安全状态监控、监测成果和现象解释、监测量变化成因机制分析、风险预测及预警的作用。监测数据分析的主要目标是发现异常、分析成因及提出解决措施建议。本章将根据笔者的经验，介绍岩土工程监测数据分析方法，主要介绍监测成果数据分析，不涉及具体的原始数据整编方法，比如水平位移观测资料的整理、平差等。

本章所述的异常指监测数据突然发生较大变化，或现场情况发生突变，包括数值或文字描述类型。异常反映了工程结构或者岩土体的工作状态在外力或外界因素的作用下发生了突变，这是监测工作最为关注的地方。异常不是测量粗差或者错误，一般是剔除了粗差或错误后岩土体或工程结构真实工作状态的反映。

4.1　监测分析所需要的数据与资料

在对监测成果进行分析前应该据有足够的数据与资料，这些资料包括：

1. 监测数据。此处指的不是原始监测量数据，而是经过整编后的物理量成果数据。一般地，对监测量，比如弦式仪器测得的监测量如频率或者模数需要经过整编、换算后得到如应力应变等物理量成果数据。

2. 监测仪器埋设考证与记录资料。包括：

(1) 监测仪器设备的类型、规格、精度、分辨率、工作原理与生产厂家，据此可以获知监测成果的可靠性；

(2) 监测仪器设备的安装埋设记录。包括监测系统设计、安装布置图、仪器安装埋设记录表、率定资料等；

(3) 监测数据观测时的环境量，包括气象、水文、水位等资料。

3. 地质资料。包括监测部位的区域地质、工程地质与水文地质资料。具体如地层、岩性、构造、地下水、风化程度等，以及勘察报告及相关图件。

4. 设计资料。如设计图纸、参数、计算书、监测物理量的控制指标。

5. 施工资料。包括施工方案、组织计划，现有的施工进度，特别是开挖进尺、深度，或者填筑的高度等数据。

6. 现场巡视检查资料。重点是仪器埋设部位的施工情况、地质调查、支护状况观察，以及一些相关现象。比如对于基坑，需要观察其周边有无堆载、剧烈变形的情况、支护的工作状态、裂缝发展趋势，渗水及其水量和位置、掉块涌水涌砂等现象。

7. 其他的设计、数值模拟分析等文件资料。

掌握这些资料对于分析评判监测数据成因有很大作用，故而需要事前充分收集并归档。

4.2 数据分析的基本流程

围绕着异常发现、成因分析和提出建议措施的核心思路，岩土工程监测数据分析的基本流程如下：

1. 剔除粗差与测试错误，发现异常、确认异常。通过分析监测数据，特别是通过观察监测数据的物理量 ~ 时间过程曲线上是否有反常的跳跃点，很容易判断是否存在异常；然后根据经验，评估是否接受该异常，即承认该异常真实反映了工程现状；否则，将拒绝该异常，即认为此异常是测试粗差、错误或者测点被破坏等非正常原因导致。对于被拒绝的异常，有条件时应该重测该次观测值，或者通过数值变化趋势插值，供成果分析时参考。

2. 判断该异常的时空分布特征，即搜索是否还有其他异常存在？

事实上，岩土工程项目的异常肯定分布于一定的时间空间范围内，因此，确认了该异常后，应进一步分析异常所在的时空范围，获得其分布特征与规律：

(1) 该异常的类型。比如，是监测数据出现的数据异常，还是巡视检查发现的现象异常 (文字性描述)？数据异常具体的物理量类型？比如是水平位移、沉降、测斜或者是应力应变等？

(2) 时间上的一致性分析，即分析该异常发生前一段时间的变化情况。分析该测点异常发生前一段时间内 (如 3d、7d、甚至半月) 数据变化的趋势，是逐渐变化还是陡然变化？获得其加速变化的起始时间。

(3) 空间上的一致性分析，即分析该异常所在位置附近 (比如 10m 以内，根据工程经验选取，基坑一般取深度的一倍) 的同类型测点是否同样也存在类似的变化趋势。

3. 物理量相关分析，即分析该测点附近范围内的其他类型测点的数据是否也存在类似的异常变化趋势。换句话说，如果基坑某段冠梁发生较大变形，则该段的水平位移、测斜、支撑轴力、沉降等可能会发生同步变化。因此，不同类物理量的同步变化证实了岩土体或结构物的实际工作状态发生了变化。

4. 异常的成因机制分析。

引起异常的原因很多而且相互关联纠缠、错综复杂、难以厘清主次，包括地质、施工、天气等方面的因素。一般地，工程结构或者岩土体的位移场、应力场或

渗流场受某种因素 (特别是施工、天气等外因) 作用后发生改变，体现了 “场” 明显变化特征的某些物理量比如水平位移、沉降等被称为 “效应量”，而引起效应量发生变化的作用或者原因等称为 “原因量”，比如开挖进度、降雨等。当然，“原因量” 也有文字性描述的类型，比如地质情况，不过可以通过提取典型参数在一定程度上得到量化。

异常的成因机制分析即利用统计分析、人工智能方法，分析效应量与哪些原因量最为相关，在可能的情况下尽量获得定量的相关关系，相当于人工智能中的关联分析。

5. 监测成果反馈。通过以上异常的发现、确认及成因分析，能够掌握异常的成因，然后汇总分析图表、形成报告，提出建议措施，供相关部门决策。

6. 再深入一些的工作包括利用现代风险评估方法进行风险评估与分级，根据分级情况启动预警。

4.3　数据异常的判断及处理

在监测资料的数据处理分析过程中，应对原始资料进行可靠性检验和误差分析，评判原始资料的可靠性，分析误差的大小、来源和类型，采取合理的方法对其进行规避、处理和修正，特别是要剔除粗差与错误的观测值，以避免对后续变形分析和解释造成干扰，正确识别出数据的异常变化。

可采用逻辑分析法进行原始观测数据的可靠性检验，步骤如下：

1. 作业方法应符合规定；

2. 观测仪器性能应稳定、正常；

3. 观测数据物理意义应明确合理，不超过实际物理量限值和仪器限值，检验结果应在限差内；

4. 观测数据应满足连续性、一致性、相关性原则。

可以通过以下方法判断数据是否存在异常：

1. 同一期次观测值中，超过仪器限值或者重复观测超过仪器限差的值；

该方法主要针对观测时的测值进行，一般仪器出厂时厂家都会提供一些仪器参数如测试精度、灵敏度、误差等，如果测值落在仪器测读范围或者 3 倍仪器标称中误差 (σ) 范围之外，则判定该值为粗差，应予舍去或者重测。具体来说：如同一次观测时当前测值和前一测值、后一测值的差值都大于 3 倍中误差，则该值为粗差。

2. 经现场发现，明显是由于测点或传感器被外因影响但没有破坏，从而使得测值异常。这种异常既不是测读错误也不是粗差，可以通过重新设置初值日期，并将以前的累积值累加在今后的变形值上。

3. 通过观察监测数据的物理量 ~ 时间过程曲线上是否有跳跃点，很容易判断出是否存在异常。比如监测量的变化突然加剧、变缓或逆转，不能依据已知原因作出解释；或者出现超出仪器量程、安全监控标准值或数学模型预报值等情况；然后根据以下的时间一致性与空间一致性检验，判断是否接受该异常。即一般来说，工程上的异常点不会是孤立存在的，某一测点的数据异常必然在最近的时间段或者临近的空间范围内的同类/不同类监测数据中得到类似变化趋势的体现，即存在时间一致性与空间一致性。

4. 承认该异常是真实反映了工程现状；否则，将拒绝该异常，即认为此异常是测试粗差、错误或者测点被破坏等非正常的原因导致。对于被拒绝的异常，有条件时应该重测该次观测值，或者通过趋势估计该值，供成果分析时参考。

可以采用 “3σ” 法来剔除粗差，具体过程如下。

对于观测数据序列$\{x_1, x_2, \cdots, x_n\}$，设连续 3 次观测值分别为 x_{i-1}, x_i, x_{i+1}，描述该序列数据的变化特征为：

$$d_i = 2x_i - (x_{i+1} + x_{i-1}), \quad (i = 2, 3, 4, \cdots, N-1)$$

这样，由 N 个观测数据可得 $N-2$ 个 d_i。这时，由 d_i 值可计算序列数据变化的统计均值 d'' 和均方差 σ'':

$$\bar{d} = \sum_{i=2}^{N-1} \frac{d_i}{N-2}$$

$$\widehat{\sigma_d} = \sqrt{\sum_{i=2}^{N-1} \frac{\left(d_i - \bar{d}\right)^2}{N-3}}$$

根据 d_i 偏差的绝对值与均方差的比值

$$q_i = \frac{\left|d_i - \bar{d}\right|}{\widehat{\sigma_d}}$$

当 $q_i > 3$ 时，该值可判断为粗差，予以舍弃。

4.4 时间上的一致性分析

时间上的一致性分析有 2 个目的，其一识别异常数据，其二在一定的时间范围内考察该异常的发生、发展过程，辅助评估异常的程度、特征与成因。

时间一致性分析包含以下过程：

1. 绘制效应量的时间过程曲线。

即以某一个或多个物理量 (例如水平位移、沉降) 为纵坐标，时间为横坐标绘制过程曲线 (图 4-4-1、图 4-4-2)。物理量可以分为 3 种类型，包括累积变化值、本次变化值、本次变化速率与时间的过程曲线。其中累积变化值指自初值时间以来累积到本次测试时刻之间发生的变化值，本次变化值指上次测试时刻至本次测试时刻之间发生的变化值，本次变化速率指本次变化值除以对应的时间。

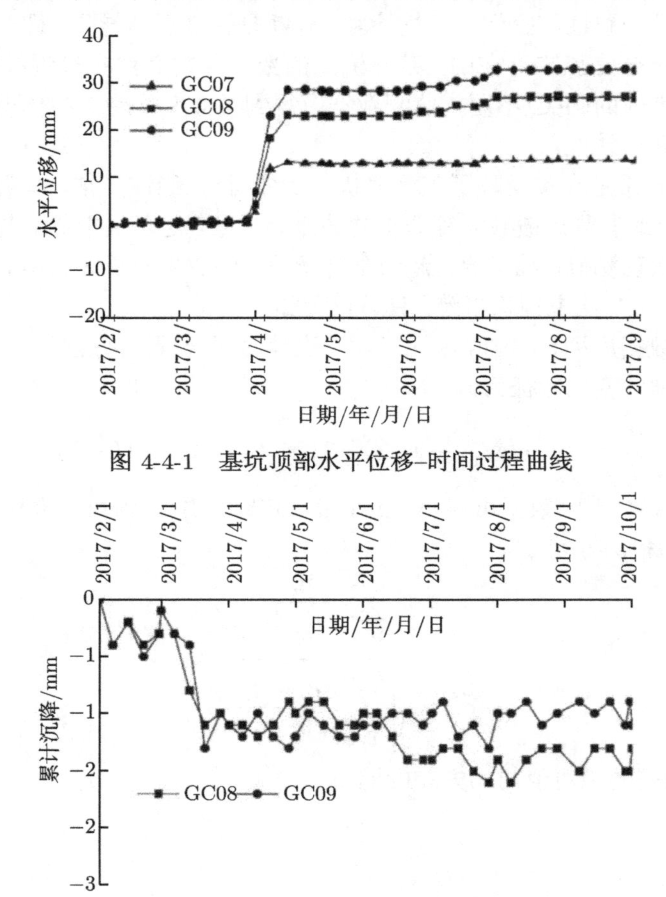

图 4-4-1　基坑顶部水平位移–时间过程曲线

图 4-4-2　基坑顶部沉降–时间过程曲线

一般来讲，可以提取本次测试时刻至之前 3d/7d/半月的数据绘制时间过程曲线，统计这一段时间以来测点的最大值最小值，考察其变化及发展趋势，试图找到变化的萌芽、渐进发展与快速发展的阶段。当然，不是每个异常测点变化都有这样完整的发展阶段，而且受测试频率限制，有些数据变化不一定正好能捕捉到。同时，也可能需要根据具体情况，提取更长时间序列的数据进行分析。

2. 绘制多个不同效应量的时间过程曲线，并进行比对。

此时应尽量在同一个坐标系中绘制，方便对比是否不同种类的物理量都呈现出异常，以及这些异常的程度、一致性及差异性。比如，针对基坑地表水平位移的异常，可以同时将该处支撑轴力时间过程曲线绘制在一张图中 (图 4-4-3)，对比两者是否存在一致性的变化趋势。

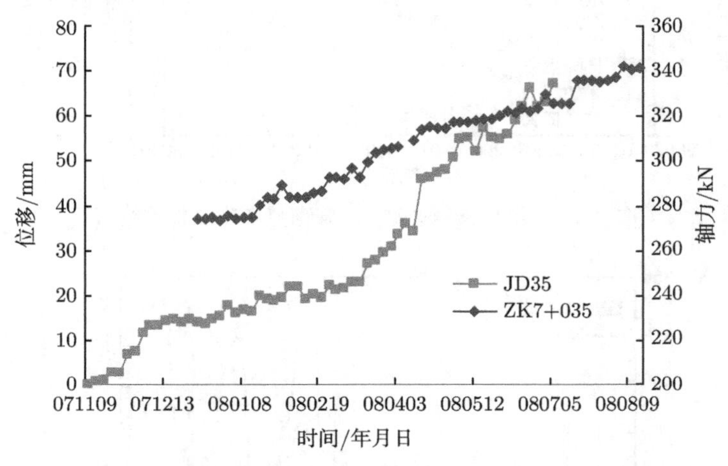

图 4-4-3 锚索轴力与基坑顶部位移的时间过程曲线

3. 在上述不同效应量的时间过程曲线中叠加环境量随时间变化的过程曲线 (图 4-4-4~图 4-4-6)，分析环境变化对效应量是否有影响以及影响程度。

这样，可以从时间发展的维度清晰地分析环境量这些原因量是否影响了效应量，从何时开始影响的，以及影响的程度。据此可以初步判断哪些原因量才是主导因素，便于下一步更细致的成因分析。

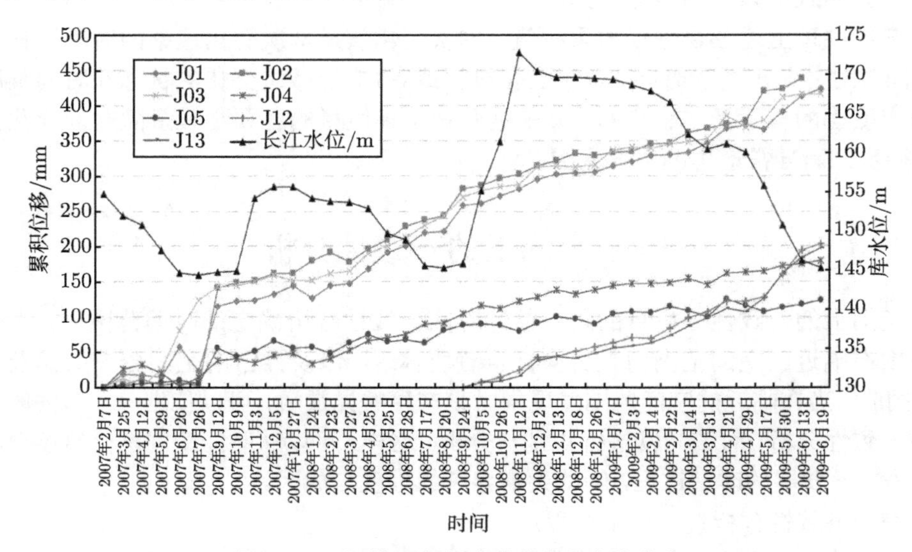

图 4-4-4 滑坡地表位移随库水位变化曲线

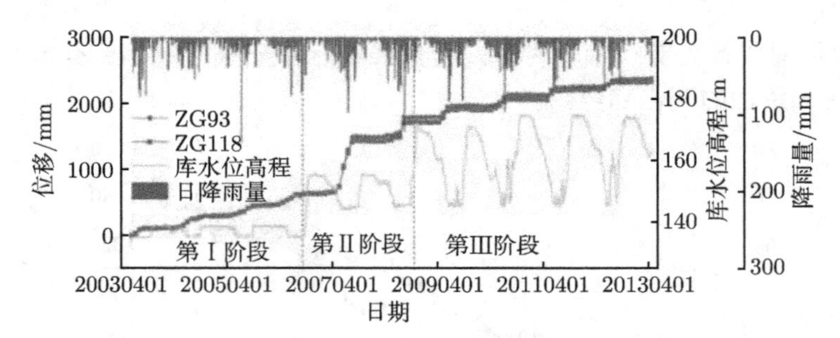

图 4-4-5　滑坡累积位移、日降雨量和库水位曲线

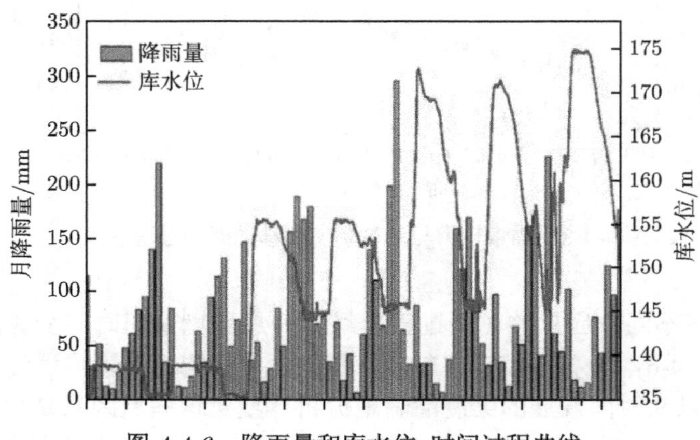

图 4-4-6　降雨量和库水位-时间过程曲线

4. 形成图表及分析成果小结。

归纳整理上述各物理量的累积值、本次变化值及本次变化速率的时间过程曲线，同时对异常出现的时间、渐进变化过程或者加速/减缓变化的状态在时间维度上做出明确的标示及文字说明，并依据叠加了环境量的主要物理量随时间变化曲线，初步判断异常产生的主导原因。

4.5　空间上的一致性分析

空间上的一致性分析目的是在前述时间一致性分析确定的时间范围内，考察该异常在临近的空间范围内是否同样也有所体现，以及异常的空间分布规律及程度。同时，当在临近的空间范围发现同时刻产生的异常后，可以依据 4.4 节的时间上的一致性分析，对该异常进行识别与分析。这样，可以从时间空间两个维度分析异常发生、发展的时空过程，辅助判断异常的程度与成因。

空间一致性分析包含以下过程：

1. 绘制效应量的空间分布曲线/面。包括二维与三维情况，如同种仪器多个测点物理量的空间分布曲线/面。

(1) 二维分布曲线。

是最常见的分布曲线。比如滑坡的深部土体水平位移–测斜沿孔深的分布曲线，地铁施工开挖导致的纵向、横向沉降槽曲线。分布曲线中表示测点位置的坐标轴可以根据需要水平或垂直放置。如测斜沿孔深分布曲线一般垂直放置，竖直向下的坐标轴代表测点深度 (图 4-5-1)；沉降槽曲线一般水平放置，水平向右的坐标轴代表测点水平位置 (图 4-5-2)。

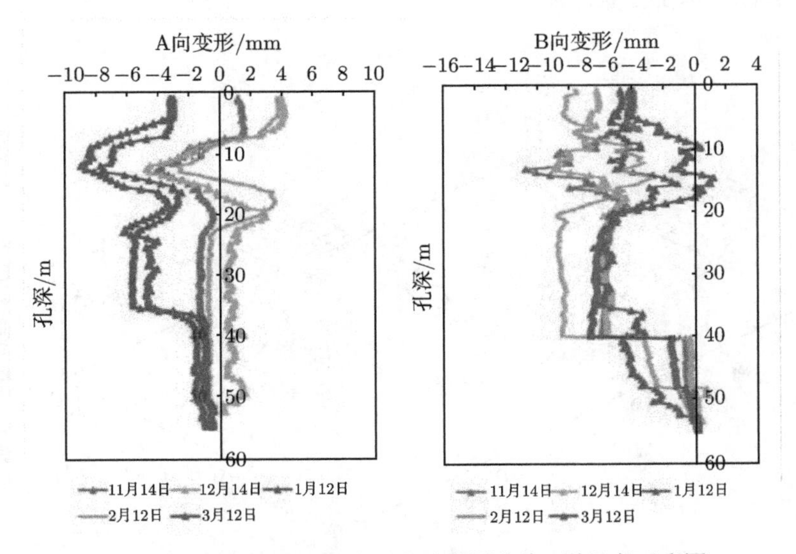

图 4-5-1 滑坡深部土体水平位移监测曲线 (详见书后彩图)

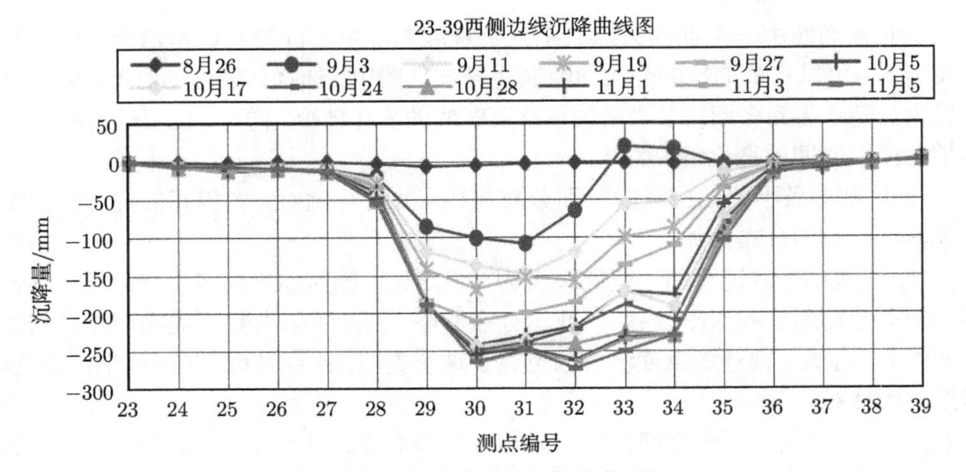

图 4-5-2 高速公路路面沉降分布图

分布图中一条曲线只能表示一个观测期次中不同测点数据沿空间的分布情况，可以将多期次的分布线绘制在同一个图中。一般可以选择代表性的时间绘制多期次曲线，可以较为清楚地看到多期分布线的形状随时间的变化情况，同时，也可以动画显示多期曲线随时间的变化发展情况。

(2) 三维分布曲面。

即以三维的形式显示某一个物理量 (例如水平位移、沉降) 的空间分布情况 (图 4-5-3)。一般以物理量的累积变化值/本次变化值/本次变化速率为 Z 坐标，测点的实际 XY 坐标为水平位置绘制。

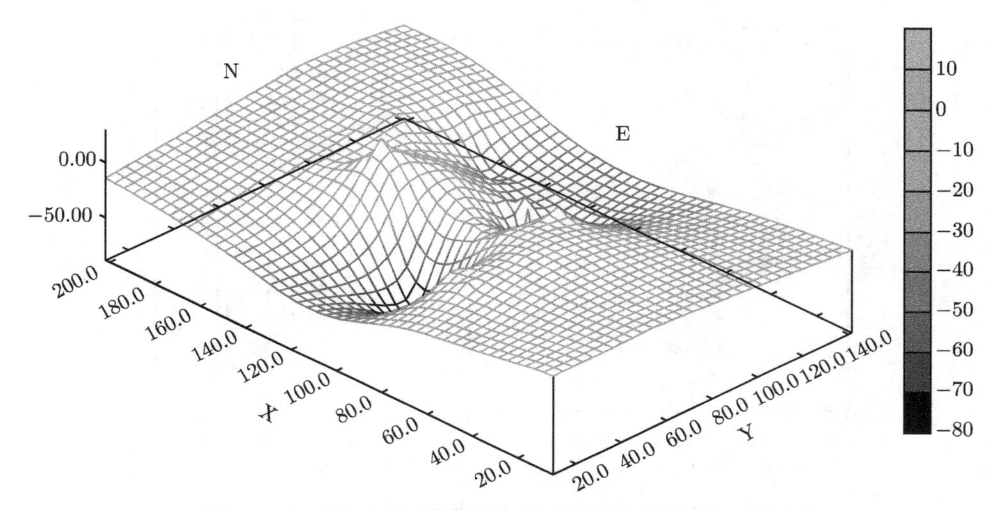

图 4-5-3 高速公路路面沉降三维分布图 (详见书后彩图)

分布曲面图中一个曲面只能表示一个观测期次中不同测点数据沿空间的三维分布情况，可以将多期次的分布面绘制在同一个图中。选择代表性的时间绘制，可以较为清楚地看到多期次分布面的形状随时间的变化情况，同时，也可以动画显示多期曲面随时间的变化情况。

2. 绘制多条不同效应量的空间分布曲线，并进行比对，如相邻部位一种或多种仪器物理量的分布曲线。

(1) 一般用于临近空间位置的同类物理量对比。比如临近的多个测斜孔，或者同一剖面上测斜孔的水平位移 — 孔深分布曲线。据此可以考察同类物理量在相邻空间的分布情况，前述的纵横沉降槽也属于这一类型。同样是可以在一个图中绘制多期次的曲线。

(2) 也可以用于不同空间位置不同物理量的对比。但一般比较复杂，比如可以将基坑一个剖面的测斜孔 (取最大水平位移或者拐点部位的测点)、冠梁水平位移与支撑轴力沿剖面的测值分布图。这种图可能涉及多个纵坐标，比如水平位移与支撑轴力需要 2 个不同的纵坐标，同样可以在一个图中绘制多期次的曲线。

以上两种图也可以绘制成三维曲面图，这时 Z 坐标为物理量，XY 坐标为平面位置。

通过在同一个坐标系中绘制上述图，能够方便对比不同种类的物理量的空间分布情况，有没有异常以及这些异常的程度、一致性及差异性。

3. 在上述不同效应量的空间分布曲线中叠加环境量分布曲线，分析环境变化对效应量是否有影响以及影响程度。

同样的道理，可以绘制环境量随不同空间位置的分布曲线，特别是地下水位。这样，可以从空间变化的维度清晰地分析环境量等原因量是否影响了效应量？从何地开始影响的以及影响程度？初步可以判断出哪些原因量才是主导因素，便于下一步更细致的成因分析。

4. 形成图表及分析成果小结。

归纳整理上述各物理量的累积值、本次变化值及本次变化速率的空间分布曲线或曲面，同时对异常出现的空间、渐进变化过程或者加速/减缓变化的状态在空间维度上做出明确的描述，并依据叠加了环境量的主要物理量随空间变化曲线/面，判断异常产生的主导原因。

4.6 物理量相关性分析

物理量相关性分析的目的是考察 2 个物理量之间的关系和相关性。比如，考察位移与地下水位变化之间是正相关或负相关，它们之间的相关程度，是线性还是非线性相关，用什么数学模型可以表达它们之间的相关性等。

相关性分析主要靠作图来判断，可以分为散点图与相关线图。一般以两个有关的物理量为纵横坐标 (图 4-6-1～ 图 4-6-3)。对于不同的相关关系，坐标可以是等距的，也可以是不等距的 (如对数形式等)。

做相关分析时可尽量采用数学模型来拟合两个变量之间的相关性，使用一些常用的统计分析或数据分析软件 (如 MATLAB、SPSS、EXCEL)、或直接使用笔者所研发软件的趋势预测功能可以完成这一步。

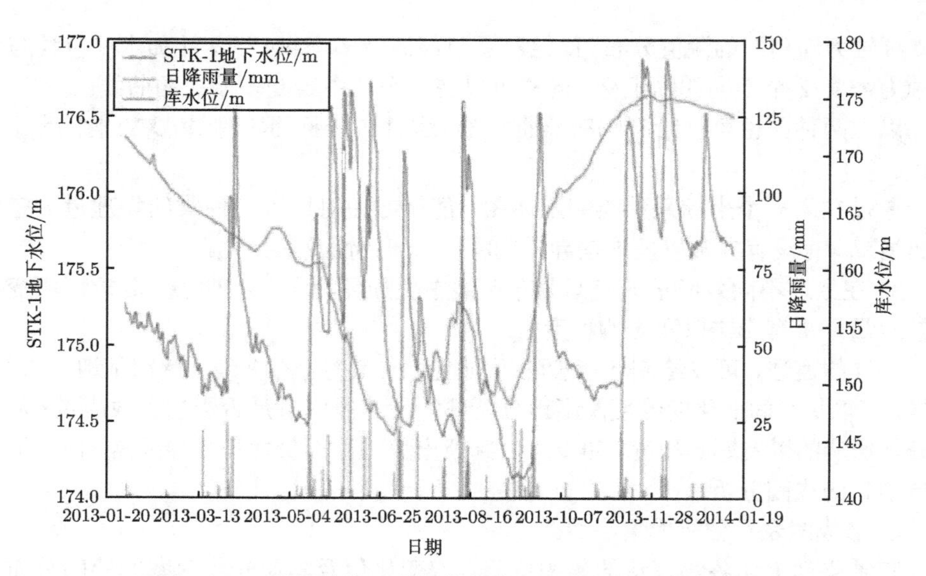

图 4-6-1　滑坡体地下水位值与降雨、库水位相关性分析

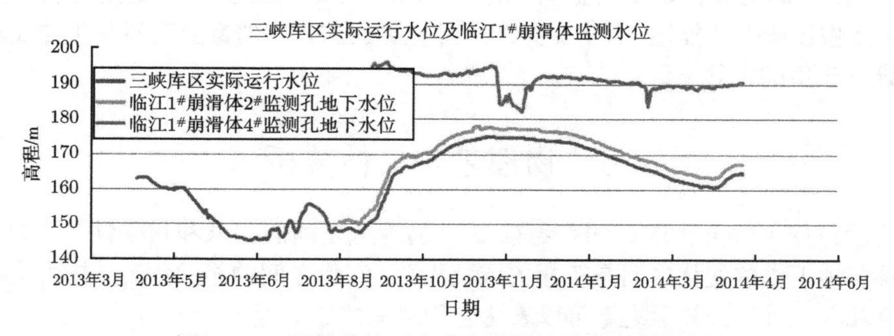

图 4-6-2　滑坡体地下水位与长江水位相关性分析

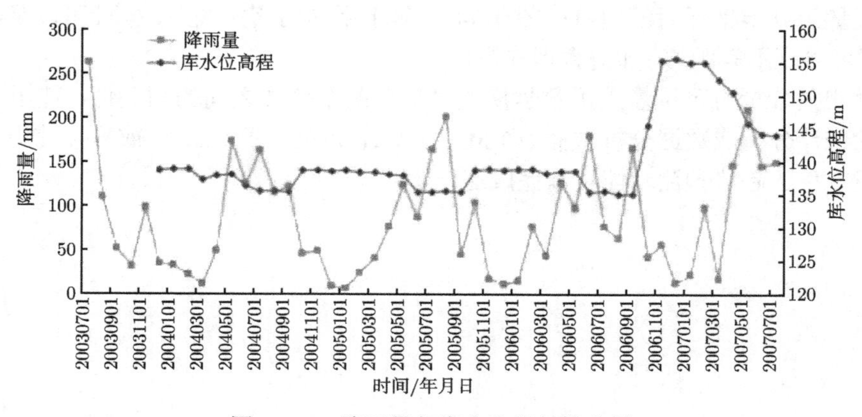

图 4-6-3　降雨量与库水位相关性分析

4.7 成因机制分析

如前所述，监测数据分析的主要目的是发现异常以及分析异常产生的成因机制并进行发展趋势预测。通过前述的异常发现与判断、时间一致性与空间一致性分析、物理量相关性分析后，我们可以比较充分地把握异常在时空上的发生、发展、分布特征，这一节将介绍如何判断异常发生是由何种因素引起并控制的。

成因机制分析一般包括初步分析与综合分析，初步分析通过绘制各种曲线，分析与总结“效应量”随“原因量”变化的特征；综合分析更多地采用定量分析的方法，运用专业的统计、数学工具或数值模拟工具进行，实际上包含了 4.4 节 ∼ 4.6 节的内容。

4.7.1 初步分析方法

一般地，岩土工程中引起“效应量”变化的“原因量”包括：施工情况、地质因素变化、环境量变化，以及岩土性质本身的时空效应。

1、施工情况

包含开挖/填筑、支护情况。施工开挖一般分不同阶段，而且每个阶段在空间上可分水平向纵向 (洞轴方向) 的进尺、水平向横向的分块开挖以及垂直方向的分层开挖 (图 4-7-1，图 4-7-2)。比如隧道 CD 法施工，纵向上每天的进尺、横向上分左侧洞与右侧洞开挖、垂向上每个侧洞又可以分为上台阶、下台阶与仰拱开挖；对于基坑，具有水平方向的分块开挖和垂直方向的分层开挖，同时也有纵向上的分段开挖。

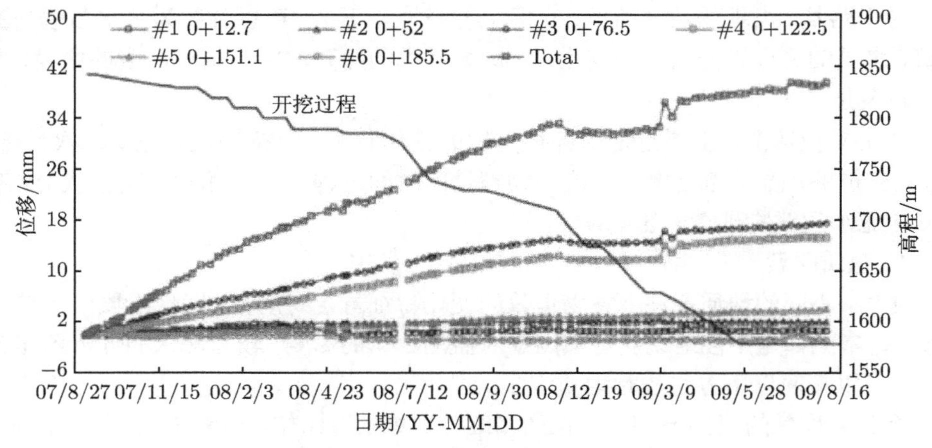

图 4-7-1 坡体水平位移–时间监测曲线 (标注施工过程)

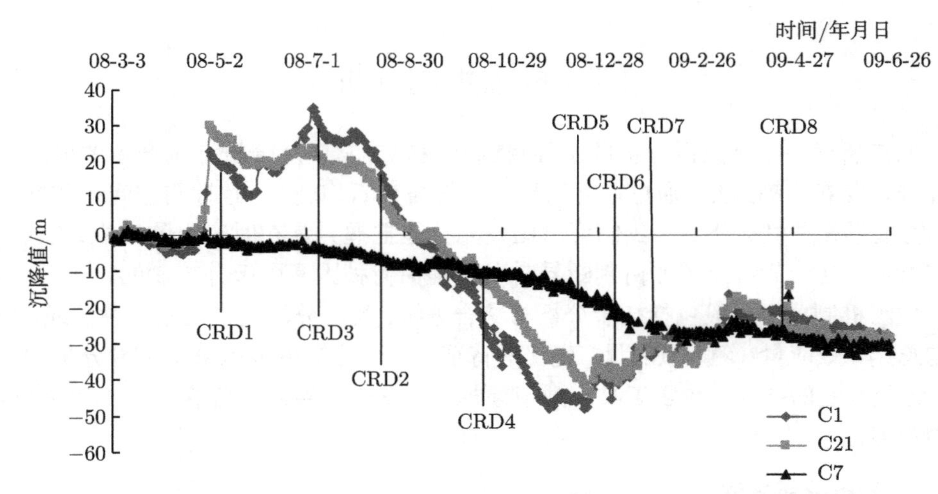

图 4-7-2　CRD 法施工隧道地表沉降–时间曲线图 (标注施工步序时间)

(1) 在物理量的时间过程曲线上标示不同的施工阶段。可以直观地看出施工阶段对物理量的变化有无影响及影响的程度。

(2) 同时绘制物理量时间过程曲线与施工进度时间过程曲线。比如，对于基坑，绘制双纵坐标图，其中一个纵坐标是水平位移，另一个纵坐标是基坑开挖深度，横坐标是时间。这样，在一个图中清晰地看出基坑开挖深度对水平位移的影响。

(3) 绘制物理量 ~ 进尺的变化曲线。纵坐标是物理量随时间变化的数据，横坐标是施工进尺随时间变化的数据，如绘制收敛 ~ 开挖进尺曲线了解隧道的纵向开挖进尺对洞周围岩变形的影响；绘制基坑水平位移与开挖深度和横向开挖进尺数据之间的关系曲线以考察水平与垂直开挖进度的影响。

对于路基、大坝等填筑情况，实际上与开挖差不多，可以分解为水平与垂向的填筑，水平的又可以分为纵向与横向，比如常见的路基沉降与填筑高度的曲线，此处不再赘述。

对于支护情况，主要是记录各种支护的施作时间，包括初次衬砌、二次衬砌、仰拱，支护桩、锚杆/锚索等。一般在物理量的时间过程曲线上标示出支护状况，考察支护施加后对物理量的影响。

2、地质因素

显然，不同的地质条件下各物理量的变化特征肯定有所不同，现阶段限于数据短缺，基本上都是定性地说明地质因素对监测数据的影响，较为深入的分析还比较少见。可以按照以下方法进行地质因素的分析。

绘制物理量的空间分布图，包括二维与三维的。比如，沿着基坑/滑坡某剖面的测斜 ~ 孔深分布曲线，将各测孔的钻孔柱状图叠加在剖面图上 (图 4-7-3)，可以

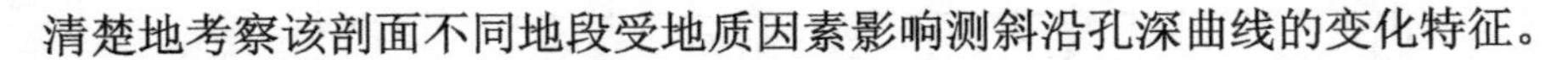
清楚地考察该剖面不同地段受地质因素影响测斜沿孔深曲线的变化特征。

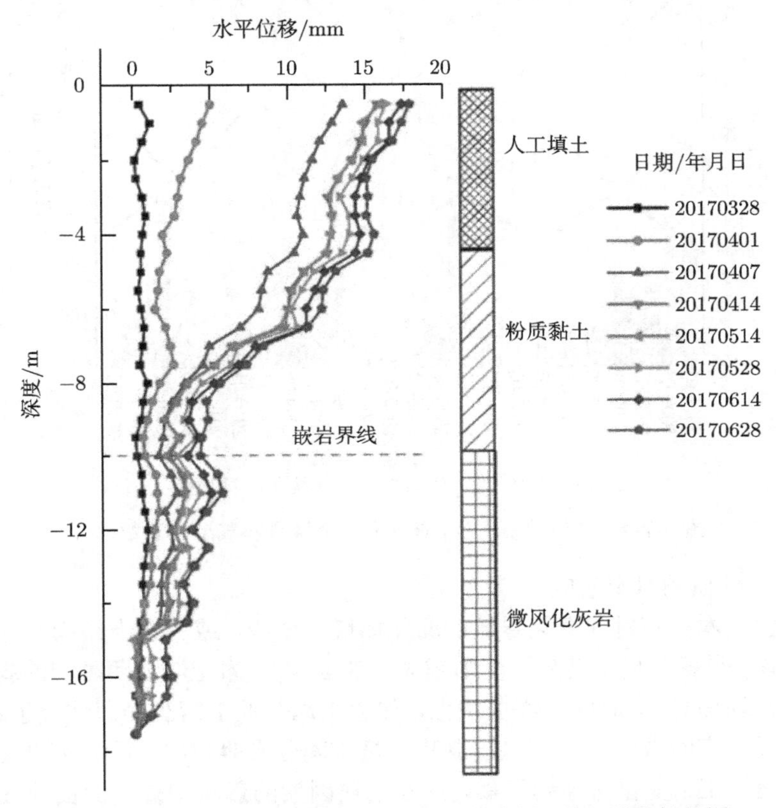

图 4-7-3 基坑深部土体水平位移–时间曲线图 (叠加钻孔柱状图)

另外如地铁开挖引起沉降分布规律，可以绘制某区域的地表沉降等值线，同时将水位疏干深度/主要压缩层的厚度以等色图的形式标示在该图中，说明水位疏干深度/压缩层厚度对地表沉降的贡献。

以上都是比较定性或者是半定量的，当然，我们也可以提取地勘报告中有关土层的数据，比如，对于地铁基坑来说，软土的变形与破坏是导致基坑失事的主控因素。可以提取主要的软土层分布，并将其主要物理力学参数如压缩模量、抗剪强度指标、原位试验指标、物质组成指标已等色图的形式表现出来。

3、环境量

环境量主要包括降雨、地下水、气温等。主要是统计其时空分布规律，并绘制各种曲线 (图 4-7-4)。

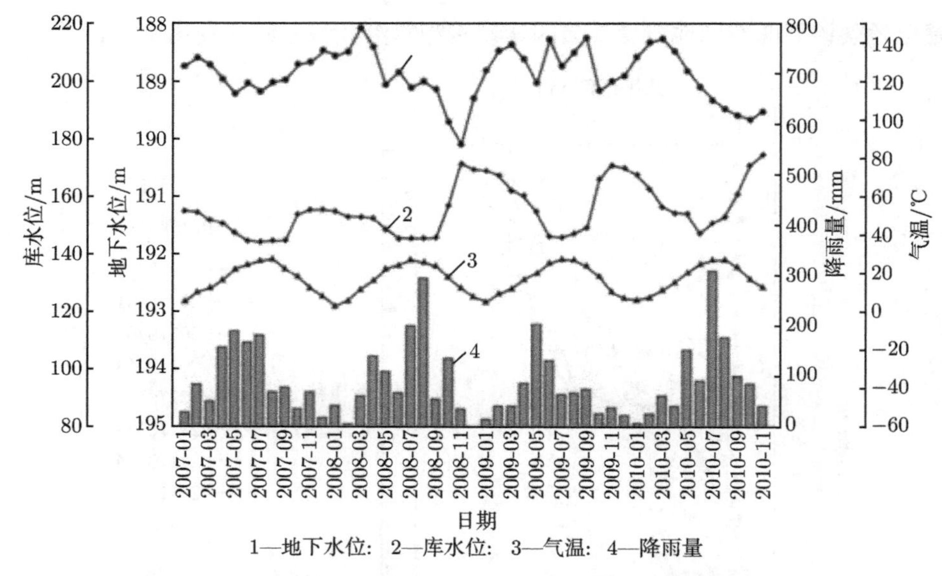

图 4-7-4 滑坡地下水位、库水位、降雨量和气温监测数据

4、岩土性质的时空效应

岩土性质本身随时间变化导致的弱化如蠕变效应，或者岩土结构变形的空间效应，简单地说就是离扰动越近变形越大 (图 4-7-5)。岩土性质随时间的弱化效应一般体现在物理量 ~ 时间过程曲线上，如软土地基的工后沉降即体现了这一点。而岩土性质的空间效应一般可以绘制物理量空间分布等值线 (面)，可以明显地看到随着远离施工，变化逐渐趋于零，这与地质因素的影响中提到的曲线图颇为类似。

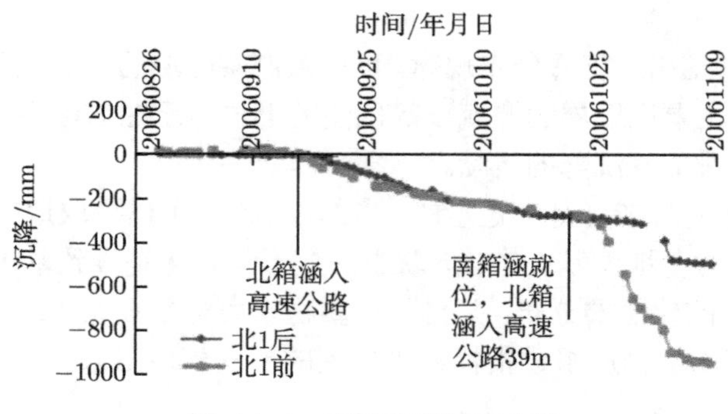

图 4-7-5 底板沉降时间曲线

4.7.2 综合分析方法

综合分析是采用各种统计模型、数值模拟等方法，分析各监测物理量的变化规

律和发展趋势，各种原因量和效应量的相关关系和相关程度。

监测数学模型用于建立原因量和效应量之间的相关关系，是一种重要的定量分析方法。恰当的模型能够在不需要进行复杂的数值模拟的情况下，仅需简单、易于准备的输入数据，就能比较准确地描述施工过程中围岩和支护结构的响应，这是容易为现场施工人员所掌握的一种定量分析方法，监测人员能够依据模型做出监测量变化趋势预测，评价岩土体和支护的安全性和有效性，有利于确保施工安全性和促进信息化施工。

目前，岩土工程监测主要采用统计模型，以及一些人工智能方法如灰色系统、神经网络、时间序列、滤波等进行监测数据的建模和预测。笔者所开发的软件提供了大量统计模型，包括 BP 神经网络、时间序列、支持向量机、多元非线性回归等 10 余种成熟的预测算法 (图 4-7-6)。另外，也可以应用其他数学建模的软件进行。

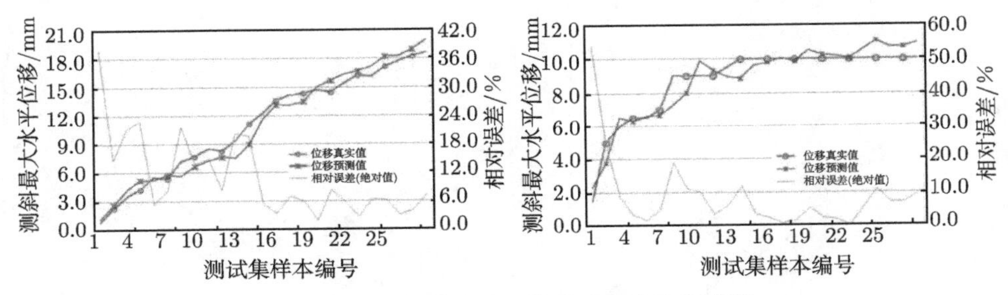

图 4-7-6 测斜最大水平位移及深度预测曲线

较为常用的统计模型是多元回归模型和人工智能方法。是将效应量如变形视为多个原因量 (如开挖、降雨、温度、时间效应) 组合而成的函数关系，运用多组观测资料按最小二乘法联立求解方程组，得到表达式。应注意挑选影响最大的几个因子，可以采用主成分分析法、逐步回归法、粗糙集、灰色关联分析等方法进行因子的筛选 (图 4-7-7)。

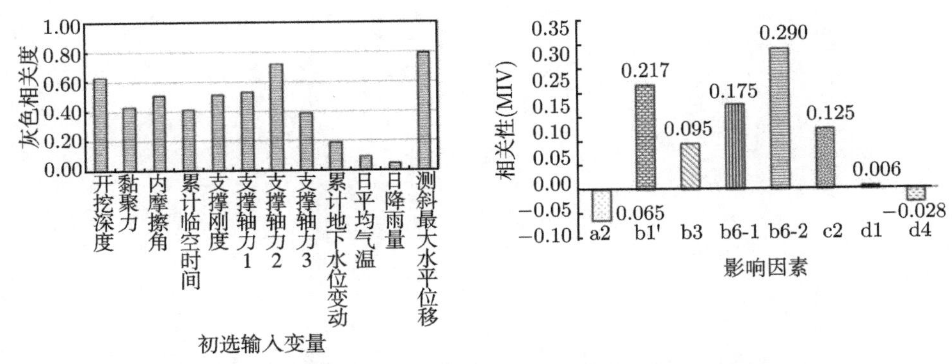

图 4-7-7 影响因子与基坑地表最大沉降及最大水平位移相关性

数值模拟方法能够研究岩土体与结构受施工开挖、地质变化、环境量影响而发生变化的动态应力场、位移场、渗流场等，是一个非常好的手段，应该为监测工作者熟悉。通过数值模拟可以快速研究某个原因量对效应量的作用机制，比如开挖、地质材料对基坑变形的影响，得到的模拟数据可以用来建立统计模型，与监测数据的统计模型进行相互印证。当然，由于岩土介质的性质十分复杂，数值方法在本构关系选择、参数的合理确定等方面还有待于进一步的研究。

第5章　岩土工程监测信息化软件设计技术

5.1　信息化系统软件开发的必要性

重大工程建设具有周边环境复杂、地质条件复杂、施工过程复杂、不可预见因素多和对社会环境影响大等特点，是一项高风险的建设工程。

因此，工程建设中必需实施风险管理，其中的关键是建立监测信息管理、预警和决策支持系统。利用先进的信息技术对监测、地质、施工、设计等资料和图纸进行管理；依托软件进行查询、分析、评估和适时预警；通过直观的图形、图表等形式让参建人员掌握工程概况、施工进度、工程结构和环境的动态响应及其可能存在的安全风险；使参建者之间的信息交流和反馈更方便快捷，有利于及时识别风险、评估风险、防范风险和管控风险。

因此，笔者开发了一套“岩土工程监测信息管理、预测预警系统”MoniSys，该系统能提高岩土工程安全监测工作效率、促进风险评估及管理水平、预防安全事故。系统适合于公路铁路、水利电力、市政等各行业领域的如隧道 (洞)、基坑、边坡、大坝等项目施工与运营过程中的安全监测和风险管理工作。其使用人员及一般情况下使用哪些功能见表 5-1-1。

表 5-1-1　监测系统功能按人员类别分类表

人员类别	使用本软件的哪些功能
业主、监理、设计	掌握施工进度、结构及周边环境动态响应和安全状态，查阅报告，阅读新闻，接收报警及处理、发布指令
风险咨询	掌握施工进度、结构及周边环境动态响应和安全状态，查阅报告，阅读新闻，查询、分析并形成风险评估报告，发布预警及处理
监测	输入各类数据、信息、巡检报告，查询、分析并形成各类报告，进行风险评估并发布预警
施工	输入施工方数据，掌握施工进度、结构及周边环境动态响应和安全状态，查阅报告，阅读新闻，查询、分析、发布预警、接收报警、处理并反馈

5.2　设 计 原 则

在软件编制过程中系统总体设计工作非常关键，它关系到项目顺利进展的程度和是否能够达到预期开发目标。监测软件开发同样一定要符合一般软件开发流程。

首先，需要认真做好用户需求分析、功能设计、菜单设计、数据库设计和数据结构设计。特别是在多人合作开发的情况下，有关文档 (如大到系统框架小到菜单、函数模块设计) 越详细越好，便于分工和协调。这方面可以参照以下 3 个规范:《计算机软件开发规范》(GB8566),《计算机软件产品开发文件编制指南》(GB8567),《计算机软件需求说明编制指南》(GB9385)。其中特别重要的是用户需求分析，只有在认真分析用户需求的前提下，才能做好系统总体设计和系统功能设计。

本系统着重于以下设计目标。

(1) 面向监测技术人员、监理工程师和项目管理人员，应用于工程施工期、运营期各种监测资料、与监测有关的设计、地质和其他资料的存储、管理、图形显示、输出及预测、预报系统，并预留和计算分析软件连接的数据接口。

(2) 支持 C/S(Client/Server)、B/S(Browser/Server) 结构以及移动终端。满足内部局域网和因特网两种网络环境下运行的需要。通过网络进行资源共享，分级管理、分域管理，不同级别的人员可以同时进行各自权限内的操作，不同公司的人员可以同时进行各自领域范围内的工作，比如，不同标段的施工人员只能操作其标段范围内的数据。

(3) 支持图形数据 —— 属性数据的双向联动查询。

(4) 模块化。针对各类监测项目，提供相应的独立的数据输入、处理、图形和表格输出模块。

根据设计目标，笔者采用了以岩土工程施工期监测的业务流程为导向，以数据库建设为核心，以灵活多样的查询为特色的设计思路。

系统结构框图见图 5-2-1，软件系统架构见图 5-2-2，系统部署架构见图 5-2-3。

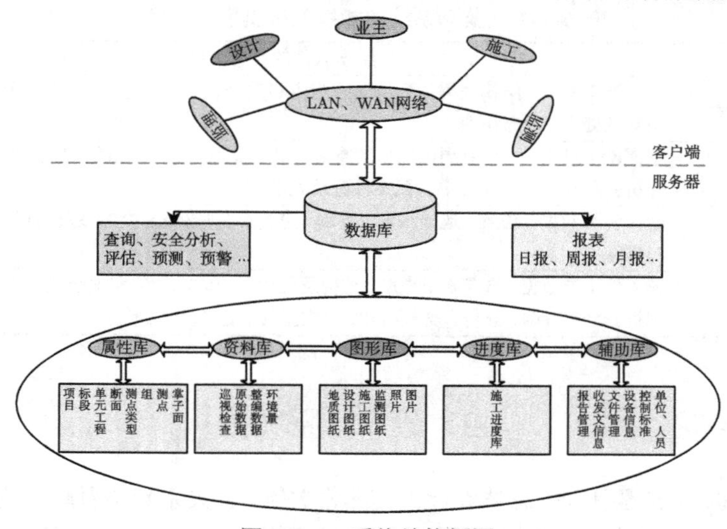

图 5-2-1　系统结构框图

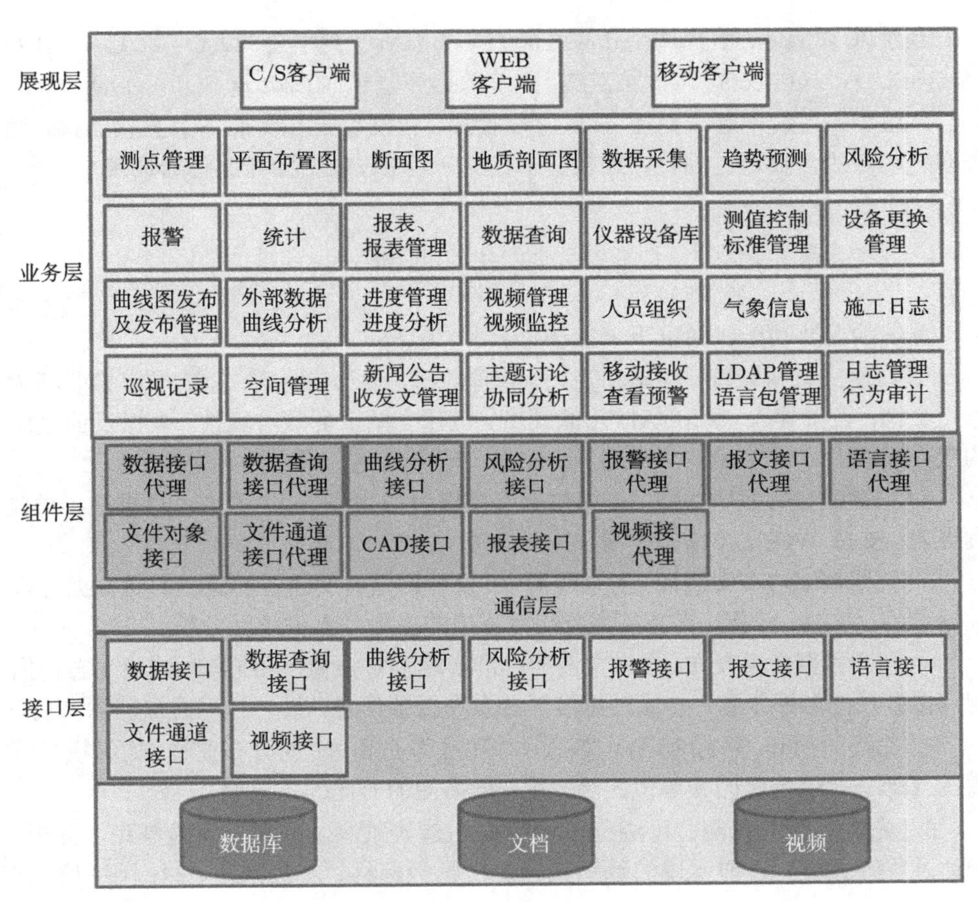

图 5-2-2 软件系统架构

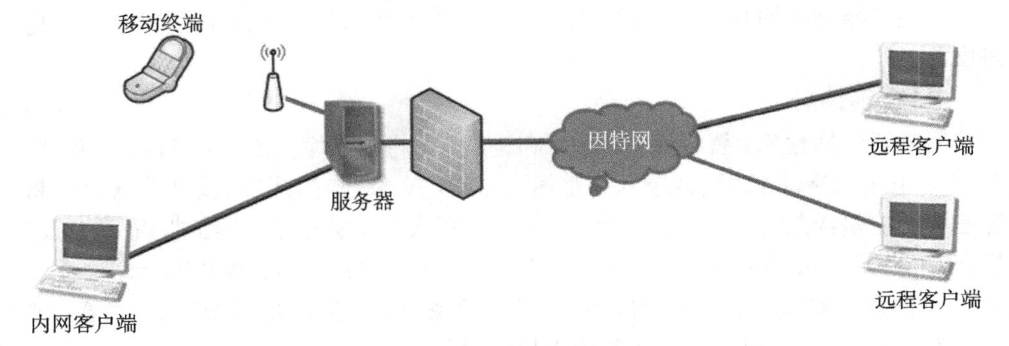

图 5-2-3 系统部署架构

系统以 Windows XP、Windows 2003、Windows 7 为平台，以 C++、C#、ADO (ActiveX Data Objects) 为开发工具，系统数据库基于 Microsoft SQL Server 2008。

MoniSys 系统部署一台服务器 + 短信猫，内网客户端与服务器直接连接，远程客户端与服务器通过因特网连接，移动客户端通过短信猫与服务器连接。

5.3　主要功能

系统的主要功能包括以下 8 个方面：

1. 一站式资料管理、共享和查询。管理监测、设计、地质、施工进度等多源数据及文档；直接导入 AutoCAD 格式图纸，可建立图上测点与属性、数据及曲线图的双向关联。

2. 一键式日常报告生成。依据自定义模板自动生成日报、周报、月报等各类监测报表；支持 WORD/EXCEL 格式。

3. 数据整编与查询统计。对采集的 28 余种测点类型的各类监测原始数据进行数据录入、整编、分析；支持各类监测特征值的多条件查询统计分析。

4. 预测预警信息发布。自定义监控标准实现预警报警，系统实时监测动态扫描测点报警状态触发报警，并通过短信平台发布报警信息，第一时间通知监测人员。

5. 曲线图绘制。可绘制各类监测的时间过程曲线、空间分布曲线 (如纵横沉降槽)、二维、三维等色图和等值图等，并开展多图的对比。

6. 先进的趋势预测。可进行监测数据的趋势预测，有利于风险辨识、分析、评估及早期预警。目前实现的算法包括 BP 神经网络、灰色系统、时间序列等 10 余种。

7. CAD 图形管理。

8. 进度管理。对项目进度进行管理，通过掌子面 (块) 与层对象管理施工开挖进度。

具体介绍如下：

系统通过属性库、资料库、图形库和进度库，将数据库技术 (信息管理、存储、查询)、电子表格功能 (数据录入和整编)、CAD 技术 (与图形的关联) 和统计分析算法等功能整合在同一个软件平台上，便于使用人员了解整个工程的概况、施工进度和安全风险；并借助软件进行分析、评估、决策和交流。功能概述如下：

1. 信息管理：属性库 (监测对象) 的管理和编辑；地层信息、物理力学参数、仪器设备、控制标准、参建单位和参建人员管理。

2. 数据管理：原始数据的输入、管理和编辑，物理量转换、整编；初值日期设置和传感器更换；建立监测数据与施工进度的关联。

3. 资料管理：现场巡视检查管理、文件管理、图形文件 (照片、扫描图片等图形图像文件) 管理及环境量管理。

4. 图形管理：管理与监测对象关联的 CAD 矢量图形 (真正的 CAD 模式)；建立图形元素与监测对象的关联，实现图形与属性、数据的双向关联和跳转；动态生成施工进度图 (以线框和色块显示，待完成)。

5. 进度管理：建立掌子面和层对象，进行施工进度资料 (包括开挖桩号、高程和地质状况) 的管理；进度的表现 (CAD 图和实物工作进度表)。

6. 数据查询：指定时间段、空间域内的超限数据查询；指定时间段、空间域内的特征值查询 (最大正向累积值、最大负向本次变化、速率以及负向值等)；统计计算 (均值方差等)；工作量查询 (测点观测次数) 等。

7. 分析预测：

(1) 曲线图绘制。丰富的曲线类型，包括：一维–三维的物理量 (累积、本次变化及其速率)–时间 (进度) 曲线；一维–三维的分布曲线 (沿孔深、纵横沉降槽曲线)；叠加环境量和进度；多个曲线图对比；U 型和 T 型曲线图；等值线及等色图 (待完成) 等；

(2) 实现岩土工程中常用的趋势预测功能，包括；对数模型、指数模型、双曲函数，Verhulst 模型，灰色模型，BP 神经网络模型，滤波和平滑模型，时间序列等。

8. 报文管理：辅助生成报表；报告管理。

(1) 报表 (日报、周报、月报等) 辅助生成，根据起始时间查询数据库后，按照 Excel 中的表格模版自动生成数据表格和曲线；

(2) 分类管理日报、周报、月报和年报等报文，包含报文模版的管理。

9. 信息发布：包括监测数据的异常报警和项目相关的新闻发布。

(1) 预警发布：根据自定义的控制标准自动生成 III 级报警信息，并将报警信息通过网络发送到联网的客户端、手机；并进行预警规则设置、接收人管理；

(2) 阅读、撰写、编辑和发布多媒体新闻公告，签收、意见反馈与流转。

10. 其他：

(1) 可以通过手机等移动终端访问数据库，进行信息、曲线浏览和查询；

(2) 支持视频监控、采集和管理功能；

(3) 支持局域网、广域网络功能。

11. 系统管理：数据库安全、备份和还原、日志记录，数据库操作的记录。

5.3.1 数据库管理功能

系统数据库分为属性库和资料库两大类，可以将监测对象、原始数据、施工进度、施工辅助信息、环境量等属性录入数据库进行统一管理，并能进行查询检索。

属性库包括测点属性、仪埋档案、建筑物属性和施工辅助信息等，测点属性的管理界面见图 5-3-1；资料库包括原始数据、整编数据、施工进度 (包括施工所揭示出的地质现象和相关施工情况) 的输入和管理 (图 5-3-2)。

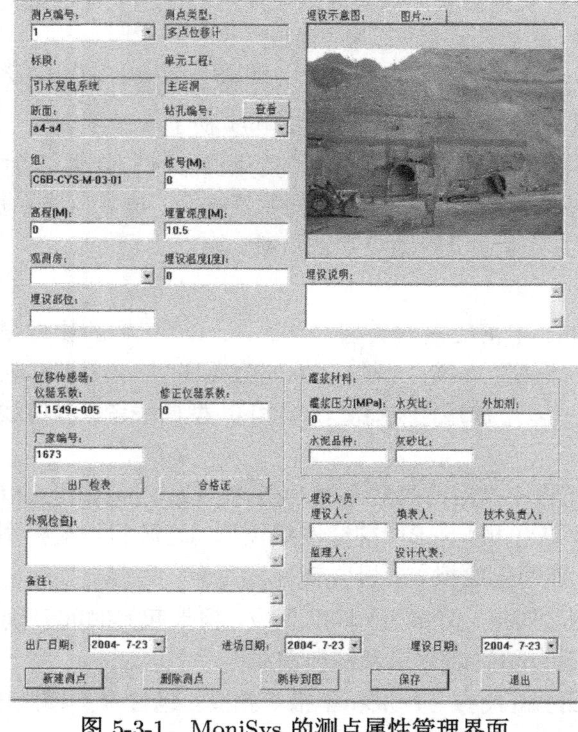

图 5-3-1　MoniSys 的测点属性管理界面

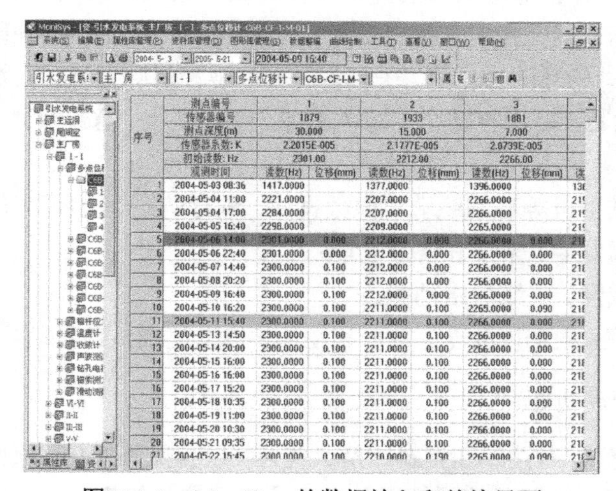

序号	测点编号	1		2		3	
	传感器编号	1879		1933		1881	
	测点深度(m)	30.000		15.000		7.000	
	传感器系数: K	2.2015E-005		2.1777E-005		2.0739E-005	
	初始读数: Hz	2301.00		2212.00		2266.00	
	观测时间	读数(Hz)	位移(mm)	读数(Hz)	位移(mm)	读数(Hz)	位移(mm)
1	2004-05-03 08:36	1417.0000		1377.0000		1396.0000	
2	2004-05-04 11:00	2221.0000		2207.0000		2266.0000	
3	2004-05-04 17:00	2284.0000		2207.0000		2266.0000	
4	2004-05-05 16:40	2298.0000		2209.0000		2265.0000	
5	2004-05-06 14:00	2301.0000	0.000	2212.0000	0.000	2266.0000	0.000
6	2004-05-06 22:40	2301.0000	0.000	2212.0000	0.000	2266.0000	0.000
7	2004-05-07 14:40	2300.0000	0.100	2212.0000	0.000	2266.0000	0.000
8	2004-05-08 20:20	2300.0000	0.100	2212.0000	0.000	2266.0000	0.000
9	2004-05-09 16:40	2300.0000	0.100	2212.0000	0.000	2266.0000	0.000
10	2004-05-10 16:20	2300.0000	0.100	2211.0000	0.100	2265.0000	0.090
11	2004-05-11 15:40	2300.0000	0.100	2211.0000	0.100	2266.0000	0.000
12	2004-05-13 14:50	2300.0000	0.100	2211.0000	0.100	2266.0000	0.000
13	2004-05-14 20:00	2300.0000	0.100	2211.0000	0.100	2266.0000	0.000
14	2004-05-15 16:00	2300.0000	0.100	2211.0000	0.100	2266.0000	0.000
15	2004-05-16 16:00	2300.0000	0.100	2211.0000	0.100	2266.0000	0.000
16	2004-05-17 15:20	2300.0000	0.100	2211.0000	0.100	2266.0000	0.000
17	2004-05-18 10:35	2300.0000	0.100	2211.0000	0.100	2266.0000	0.000
18	2004-05-19 11:00	2300.0000	0.100	2211.0000	0.100	2266.0000	0.000
19	2004-05-20 10:30	2300.0000	0.100	2211.0000	0.100	2266.0000	0.000
20	2004-05-21 09:35	2300.0000	0.100	2211.0000	0.100	2266.0000	0.000
21	2004-05-22 15:45	2300.0000	0.100	2210.0000	0.190	2265.0000	0.090

图 5-3-2　MoniSys 的数据输入和整编界面

5.3.2 数据处理功能

按照水工监测规程规范，对原始数据进行资料整编 (图 5-3-2)，包括误差处理、可靠性检验、物理量转换；进行基本数据统计分析、监测报告制作、查看时序曲线、分布曲线等监测基本成果 (图 5-3-3)。

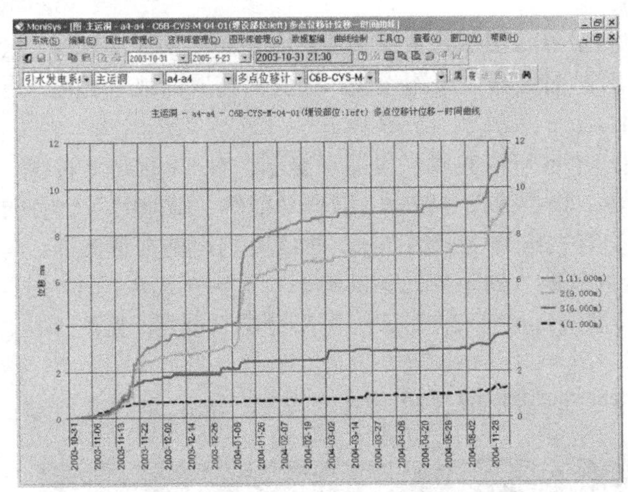

图 5-3-3 MoniSys 的过程线显示界面

目前实现的数据整编有：多点位移计、锚杆应力计、收敛计、声波测试、温度计、锚索测力计、应变计、无应力计、测缝计、钻孔电视、滑动测微计、地下水位、压力计、钢筋计、钢板计等，基本涵盖了水电站地下厂房施工期监测的大多数仪器类型。

本系统数据录入与 Microsoft Excel 兼容，容易使用，具有很强的容错功能，对于超限和不符合规定的数据会自动取消输入，防止用户误操作。系统支持文本数据导入和导出、复制、剪切和粘贴等功能。

针对监测工作中常常会碰到的仪器损坏、传感器更换等事件，本系统中各种仪器的数据整编都可以考虑设置多个初值日期以及监测途中发生多次更换传感器的情况，保证了数据的连续性。

系统可以辅助生成监测周报和月报。通过提供相关的周报、月报等模板，当用户指定日期范围后，系统自动查找数据库，生成周报和月报所需要的表格和图件。并直接生成 Excel 和 Word 文档。

5.3.3 图形可视化和联动功能

MoniSys 的图形平台是吸取了 AutoCAD 的图层思想从底层开发的，其核心思想在于：“图形文件和图形元素分开、分层管理”。图形文件以单个的 CAD 文件格式保存于硬盘中，它是与监测项目有关的监测设施布置图、地形地质图、设计图、施工进度图等源于 CAD 的图件，其中保留原 CAD 图件中的层属性。把图形文件中与属性数据对象关联的图形元素提取出来，保存于数据库。这样，数据库中并不保存图形文件，而只保存所关联的图形元素及其所在的图形文件 ID，可以有效地压缩数据库大小。

通过建立监测对象和图形元素的关联，系统能够管理、编辑与监测有关的 CAD 图件，可以直观地在图上查找监测设施，并调阅其属性或者监测成果 (包括数据表格和各种曲线图)。

本系统的图形平台可以完成矢量图形显示，输入、编辑、转换、自由漫游和缩放，常用监测仪器、测点的符号编辑、管理功能等：既能读入已有的 AutoCAD 格式的图形，又能交互式绘制常规的图形，构成监测设施布置图等。其功能包括从最基本的图形元素的绘制，到图形元素的编辑，再到更高层的图形打印、DXF 信息交换、图库管理、图形–属性双向联动、图形分层功能等 (见图 5-3-4)。

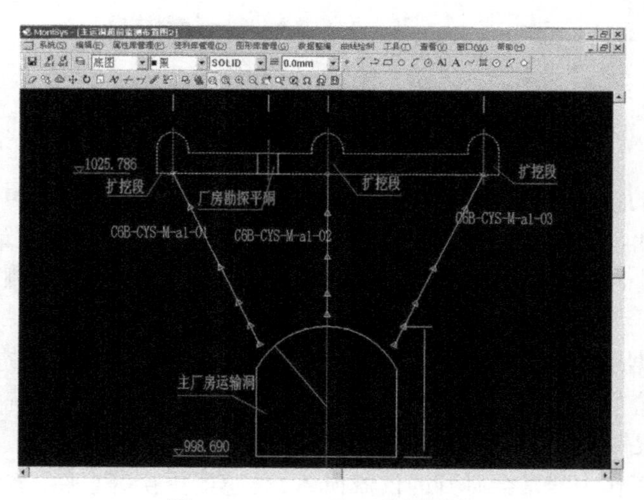

图 5-3-4　MoniSys 的图形库

5.3.4　模型建立和预测功能

系统采用地下工程中常用的预测模型进行监测数据建模，对变形趋势进行初步预测，在超过一定的监控值时实现报警，为施工安全提供参考意见 (图 5-3-5)。

目前实现的模型有概率统计模型 (指数函数、对数函数、双曲函数、多项式)、Verhulst 模型、灰色模型、BP 神经网络模型、时间序列模型等，部分模型的应用实例已经在第 4 章中进行了介绍，本节不再赘述。

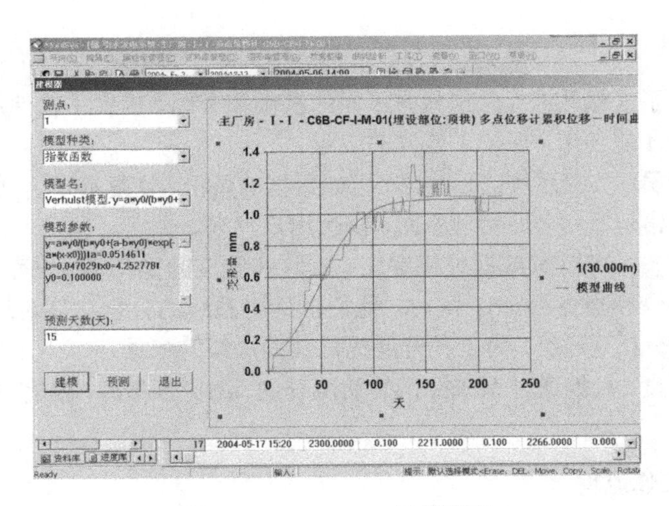

图 5-3-5 MoniSys 的模型库

5.3.5 查询检索功能

MoniSys 对数据库提供了强大灵活的多条件多表交叉组合查询功能，包括属性、工作量和数据查询，能够满足用户大多数的自定义查询。支持按观测日期、断面、标段、监测类型、地物、物理量阈值等进行查询；属性数据的统计查询，如监测点位资料，各施工承包标段的统计资料等；工作量查询，即查询某段日期范围内完成的工作量 (图 5-3-6)。

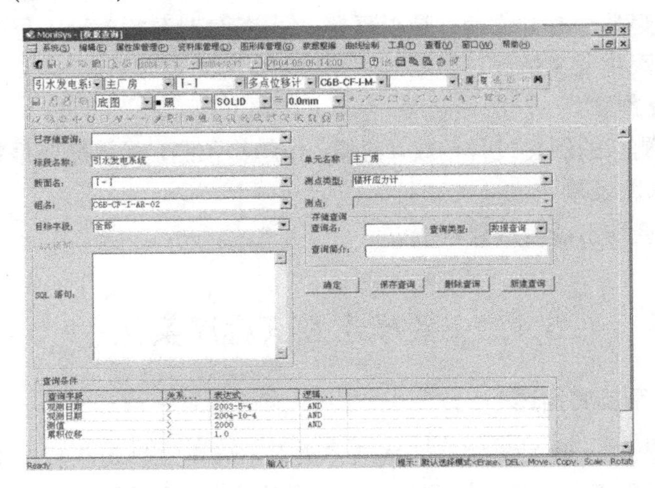

图 5-3-6 MoniSys 的查询界面

5.3.6　安全性

系统设计了 3 级用户，分别具有不同的权限和密码。提供了软件加密功能，需要安装加密狗才能使用，保护了软件的版权。

系统管理员：负责系统的日常维护 (如数据的备份、恢复等)，并确保软硬件系统及网络的正常运行；全面管理系统，修改用户权限。

数据操作员：可以对数据进行增加、删除和修改的操作 (数据库备份、还原、相关的日志记录和事务处理)；同时，他们也运用系统的分析功能对现有资料、试验数据等进行分析、评价，为工程开展提供辅助决策的依据。

数据浏览员：只能通过系统提供的功能查询、浏览数据库，没有对系统数据库的修改权限。

5.3.7　典型工作流程

用户登录 (权限检查) → 建立新项目 (或打开项目) → 项目信息输入，以下是每天的工作流程：

(1) 输入

① 输入单元工程进度表，工作日志表等有关信息，工程相关资料登记；② 如有新增、变动的仪器和测点，更新 “仪器档案和测点资料”；③ 输入各监测数据，并进行整编计算；④ 检查本测点或者仪器观测值的统计资料，是否超限，是否符合规律，是否有错误。

(2) 查询 (与图形联动)

① 查询当天各类监测统计情况：做了哪些项目，工作量，参加人员等；② 查询当天各类监测是否有异常值，是否预警；③ 查询当天各单元工程的施工进度情况；④ 查询当天收发文情况。

(3) 分析及预测

查询选定测点的历史过程曲线，建模，作趋势预测，是否需要报警等。

(4) 报表和图表制作

根据以上查询出监测成果报表。

5.4　主要概念及其程序实例

5.4.1　从属关系及其描述

系统抽象出的 7 种对象较好地概括了水电工程建筑物和监测设施之间的逻辑关系。既可以适用于只有单个标段的一条隧道的监测，也适用于拥有多个标段的地铁或者地下洞室群，可伸缩性好。而其他系统中未见明确的对象分类，一般采用断面/测线/测点方法处理，难以有效地描述和管理水工监测中建筑物和仪器之间的十分复杂的从属关系。

监测系统所管理的最基本的对象是测点，它既可以视为内观监测的单支仪器，又可以作为外观监测的观测点。在数据库中，首先需要设计测点的属性。比如，对于一个监测点，用户可能需要了解它的以下属性：所属仪器类型、仪器参数和仪埋档案，安装于哪个钻孔，坐标位置，所属监控断面，所属水工建筑物，所属标段等等。可见这些属性既包含测点本身的基本性质，也反映了水工建筑物之间嵌套的多层从属关系。

已有的监测系统一般是采用项目、测点或者断面、测线、测点分类方法来识别监测项目中测点的从属关系，实际上，这种简化处理难以有效地描述和管理水工监测中建筑物和仪器之间的十分复杂的从属关系，直接导致后续的查询不够灵活，查询结果不够准确，查询功能不够强大。

监测软件系统的核心在于一个构建合理、冗余性小的数据库。通过分析地下厂房各种监测信息之间的逻辑关系，笔者概括出以下 7 种对象作为系统数据组织的基本单位，即：工程项目/标段/单元工程/断面/测点类型/组/测点。

工程项目：代表某个具体的监测项目，项目可以包含多个标段。

标段：具有独立的承包单位的一段分部工程，如一段隧道等，其包含多个单元工程；

单元工程：在一个标段内同时施工，具有掌子面或其他可以统计施工进度的分项工程，比如交通洞、主厂房等水工建筑物；

断面：测点按某种原则布置成一条线就形成了一个断面，每个单元工程可以拥有多个监测断面；

测点 (仪器) 类型：为使监测成果能相互印证，断面下面可能会同时布置不同种类型的监测手段，即每个断面可以拥有多个测点 (仪器) 类型；每个测点类型下面可以拥有多个组，也可以无组而直接拥有测点；

组：位于一个钻孔中，总是被同时进行观测的测点集合 (如多点位移计)；或者对于同一个断面下的收敛计，按不同的施工工序，如中导洞开挖、扩挖以及分层开挖时，由于收敛测桩会重新安装，我们也将它视为不同的组；

测点：可以是埋设的单支仪器，也可以是一条收敛计测线或者外观变形监测点。

显然，通过以上 7 种对象就能够非常有效地建立水工建筑物和观测仪器之间，以及各水工建筑物之间复杂的从属关系。同时，可以看出，这种归纳既考虑了空间从属关系，也顾及时间上的施工顺序。另外，我们还定义了掌子面对象，掌子面对象属于单元工程，一个单元工程可以拥有多个掌子面。系统可以分别跟踪各个掌子面的施工进度，进行有关监测日志的建档及施工日志、施工进度的动态管理，并且可以根据资料自动形成施工进度形象图。

采用以上 7 个对象加上掌子面对象 (7 + 1)，既能管理非常复杂的水工监测信息，又能管理仅仅一条隧道的监测信息。这样设计的监测系统软件伸缩性好，适应性很广，并且数据库冗余小，便于实现统计查询。

上述 7 种对象都有其不同的属性，它们构成了系统的属性数据 (属性库)；测点对象或者组对象关联着监测数据 (资料库)，资料库管理实现了监测资料处理工作中有关原始数据显示和保存到数据库功能。

MoniSys 对各种对象都提供了增加、删除和修改的功能。可以存储一般的数值数据，文字描述，照片及声像资料等。

5.4.2　从属关系的数据库设计

在关系数据库中，数据保存在表中，各个表通过主键和外键的关联建立关系。分别设计上述各属性对象的数据库表，就能够储存属性数据和描述它们之间的从属关系，为下一步的查询创造条件。

一个工程项目对应着一个数据源和数据库，所有的信息都保存于一个数据库文件中，既显得简洁，又可以防止用户对文件的误操作影响系统的运行。系统能管理多个项目，但系统的一个应用实例同时只能打开一个项目。其他 6 个表 (标段、单元工程、断面、组、测点类型、测点) 及其之间的关联如图 5-4-1 (限于篇幅，图中每个表只介绍主要字段)。

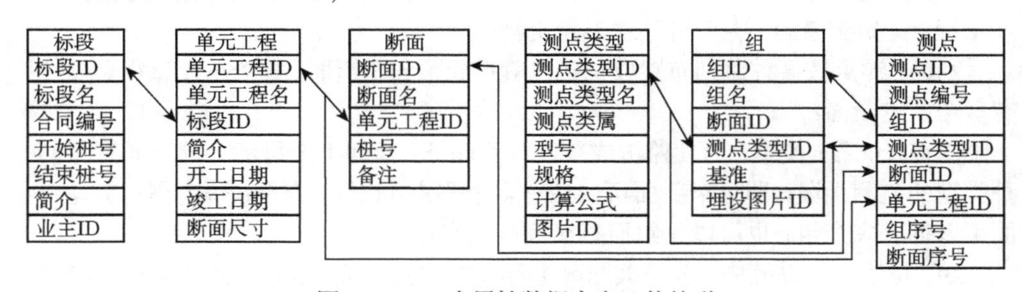

图 5-4-1　6 个属性数据库表及其关联

系统中所有属性对象的 ID 都保存在数据库 “属性对象表” 中，属性对象表包括 “对象索引、对象名、对象类型、对象 ID、父索引、测点类型” 等字段，所有属性对象之间通过属性对象表中的 “对象索引、父索引” 表达它们之间的从属关系。“父索引” 就是父对象的 “对象索引”。

5.4.3　从属关系的数据结构设计和编程实现

下面以 Visual C++ 为例说明它们在应用程序中的实现。Visual C++ 具有非常强大的类型安全的数据结构，笔者在软件开发中广泛使用了映射类 CMap、动态链表类 CList、动态数组类 CArray 为基类来派生自己的数据类。

在界面上采用层次型树控件 (CTreeCtrl) 来表达属性对象表，树中的每个节点代表一个属性对象，树节点的 ItemData 结构被设置为属性对象的 “对象索引”，树节点的层次以及父子关系就代表了各个属性对象之间的从属关系。

树节点结构 stTreeNode 的成员为数据库属性对象表中的字段，类 CMapIndex2Node 将属性对象的 “对象索引” 映射到树节点结构。

```
struct stTreeNode{
    TCHAR chName[MAX_NUM];//属性对象名称
    int nType;//属性对象类型值，即7+1种类型
    HTREEITEM hItem;//节点的树句柄
    int lParentIndex;//父节点的索引
    int nDBID;//节点在数据库中的ID
    int nPnType;//节点测点类型
    ......
};
class CMapIndex2Node: public CMap <int,int&,stTreeNode*,stTreeNode*&>{
public:
    CMapIndex2Node();
    void Serialize(CArchive& ar);
    ~CMapIndex2Node();
......
} m_MapIndex2Node;
```

系统初始化时，首先从数据库中读属性对象表得到所有属性对象，然后按照父子先后顺序生成树控件节点，并填充变量 m_MapIndex2Node，树节点的索引被赋值为属性对象表中的 “对象索引”，并被映射到树节点结构。

每新增一个属性对象时，系统生成一个节点结构加入 m_MapIndex2Node 中，并在数据库属性对象表中添加一个记录；删除属性对象时，同时从 m_MapIndex2Node 中删除节点结构和从属性对象表中删除对应记录。很明显，数据库属性对象表的记录是按父子先后顺序排列的。

这样，通过树节点的 ItemData 得到属性对象的 “对象索引”，通过 m_MapIndex2Node 得到树节点结构，通过节点结构可以知道该节点的类型及其在数据库中的 ID、测点类型等，进而通过 ID 查询到各个属性数据库表，就掌握了整个系统中的属性对象和它们之间的从属关系。其关系如图 5-4-2 所示。

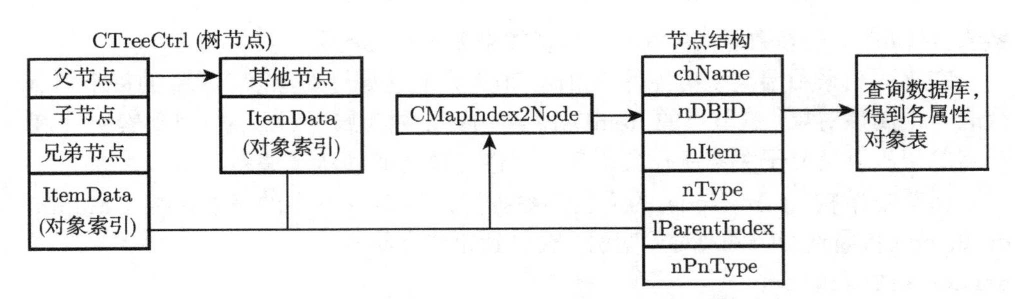

图 5-4-2　树节点—节点结构—数据库表之间关系

5.4.4　模块化及面向对象编程技术

系统采用面向对象编程技术，每类仪器的属性数据、资料保存、整编等都各是一个独立的类模块，针对不同的用户目的系统可以抽取不同的监测种类模块进行组建，做到灵活配置，有效地降低了用户的成本。同时，模块化的设计也能非常容易地扩充对新仪器类型的支持。

目前岩土工程监测软件系统中，除了用于大坝监测的分析评价和辅助决策支持系统外，其他的大多数系统使用结构化的程序设计语言，按照面向过程的方法来开发的；即使少数采用了面向对象的设计语言，也仅仅简单地设计了一些类，没有充分应用面向对象的优点。这对于规模较小、功能简单的系统开发是合适的；但对于大型的监测软件系统开发，除了“正确性”以外，必须要重视程序开发过程中的“易维护性、可读性和可重用性”，面向对象的方法在这方面具有明显的优势。

一个完备的监测软件系统至少由四大部分组成，即数据库管理、数据录入与处理、图形可视化、监测数据建模及预测功能。这是一个必须由多人合作完成的复杂系统，其设计必然要走模块化的道路，采用“自顶向下，分而治之”的手段对系统进行分解和抽象。开发过程中对整个系统功能进行清晰、严格的划分，形成一些相互独立的模块，并在每个模块上重复上述过程形成层次结构的子模块，直到子模块的复杂性能够被单个程序员控制为止。每个开发人员都能清晰地了解自己的工作范围和职责以及如何与别的模块交互。这样的模块具有高内聚度和低耦合度，从而在进行各模块整合时能尽可能地减少障碍。

可见，模块的分解在大型程序设计中占有重要地位，不同的分解方法对系统的效率和复杂性控制有着很大的影响。一般来讲有两种分解方法。一种是基于功能的分解方法，它以系统的功能流程为准则，其代表是面向过程的设计方法；另一种分解方法是基于数据抽象，其代表是面向对象的设计方法。

传统的结构化程序设计方法是面向过程的，其特点主要包含两个方面：

(1) 对代码编写时强调使用几种基本控制结构 (顺序结构、选择结构、循环结构)，避免使用可能降低程序结构性的转向语句 (goto)。

(2) 在软件开发的设计与实现过程中，提倡采用自顶向下 (Top-down) 和逐步细化的原则。把整个设计过程分出层次，逐步加以解决。往往根据业务流程划分出不同功能的模块，各模块由一系列函数构成，这些函数对相关的数据进行操作。

面向过程的设计有着以下缺陷：

(1) 其核心在于设计满足模块功能需要的一系列 “过程”(函数)，实际上函数功能是随着用户需求变化而不断发展的，以函数为中心的设计必然导致系统的多变性。

(2) 现实世界由相互关联着的各种对象构成，而基于功能的设计模拟的是行为，难以直观模拟对象间的关系，当程序的规模达到一定程度时，程序员很难控制其复杂性，导致程序逻辑复杂，维护十分困难。

(3) 数据和操作数据的函数是相互分离的，封装性差，并且缺乏统一的接口，对数据结构的改变将导致整个程序代码的变动，其程序的扩展能力有限，代码的重利用率低，调试复杂。

目前多数桌面应用程序都是基于 Windows 平台，Windows 系统中就包含了许多面向对象的思想，比如从窗口类、消息循环、事件驱动和各种界面，因此，采用面向对象的设计方法和面向对象的程序设计语言来开发 Windows 平台下的监测软件十分合适。

5.4.4.1 面向对象方法的基本概念

面向对象 (Object-Oriented) 是一种运用对象、类、封装、继承、多态和消息等概念来进行软件系统分析、设计和编程的方法。它基于信息隐藏和抽象数据类型概念，将需要解决的问题抽象成一个相互联系和作用的对象体系，从而能更自然地表达客观世界，符合人们的思维和表达方式。

面向对象编程在 20 世纪 80 年代开始流行，同一时期开始引入面向对象设计和面向对象分析，20 世纪末，几乎所有的软件工程和开发技术都转向基于面向对象的方法。当前，分布式对象和组件技术已经成为软件开发工具的基础，而该技术正是基于面向对象理论发展起来的。

(1) 对象 (Object)

客观世界是由各种相互联系、作用着的 “对象” 所构成的，对象是拥有自身属性特征及对属性施加的操作 (对象行为) 结合在一起所构成的独立实体。在计算机系统中，对象通常作为计算机模拟思维、表示真实世界的抽象。一个对象包含了数据结构以及对数据进行操作的函数。采用面向对象分析的方法的重点就是要在系统中识别出不同的对象并建立它们之间的联系。

对象之间的交互是通过 “消息” 传递进行的，消息就是通知对象去完成一个允许作用于该对象的操作。

(2) 类 (Class)

类是具有共同特点的一组对象的抽象概念，它定义了对象的完整行为，而对象是类的实例化，每一个对象都属于某个类，类可以被视为一种用户自定义数据类型。它是面向对象系统中具有特定功能的一个模块，通过类的继承实现了代码共享。面向对象的系统设计中很大一部分工作就是设计各种类，通过不同类之间的协作实现整个系统的功能。

(3) 封装 (Encapsulation)

封装即数据隐藏，是指将一组数据和与这组数据有关的操作放在一起，形成一个对象实体。使用者不需要知道对象行为的实现细节，只需根据对象提供的外部接口访问对象。因此无论是对象功能的完善扩充，还是对象实现的修改，影响仅限于该对象内部，而不会对外界产生影响。这一特性大大地降低了模块间的耦合性，从而提高了程序的可靠性，这就保证了面向对象软件的可构造性和易维护性。

(4) 继承 (Inheritance)

继承是指子类可以获得父类的特性的机制，一般可以将一些对象的共性特征抽取出来形成一个父类，而各子类则专注于设计自身特有的属性和操作。

继承能方便地将现实世界中对象的一般与特殊的关系模型转化成类层次结构，提高了代码的重用性。而首先开发具有共性特征的父类，然后自顶向下来开发子类，也符合逐步求精的软件工程原则。

(5) 多态 (Polymorphism)

多态性是指允许不同类的对象对同一消息做出不同响应。多态实现了对接口的重用。C++ 语言支持两种多态，即函数的重载和虚函数。

多态性统一地处理一组接口相同但实现不同的操作，它使程序逻辑简单明了、可读性强、功能扩充变得更容易。

5.4.4.2 面向对象监测软件系统分析和设计

笔者按照面向对象的思想分析地下厂房监测业务流程，得到的主要对象有：测点、曲线、模型、施工进度、图形、图片、报表等，围绕这些对象建立相应的类，大部分类除了实现相关属性和操作外，还包含了显示界面；其中测点对象分为测点属性类和测点监测数据录入类，其下又可包含各种监测仪器类型如多点位移计、收敛计等。

按照统一建模语言 UML (Unified Modeling Language) 构造的各主要类的相互之间的关系如图 5-4-3 所示。

另外还有一些全局对象，如：表达水工建筑物和观测仪器之间，以及各水工建筑物之间复杂的从属关系的层次结构 CMapIndex2Node。

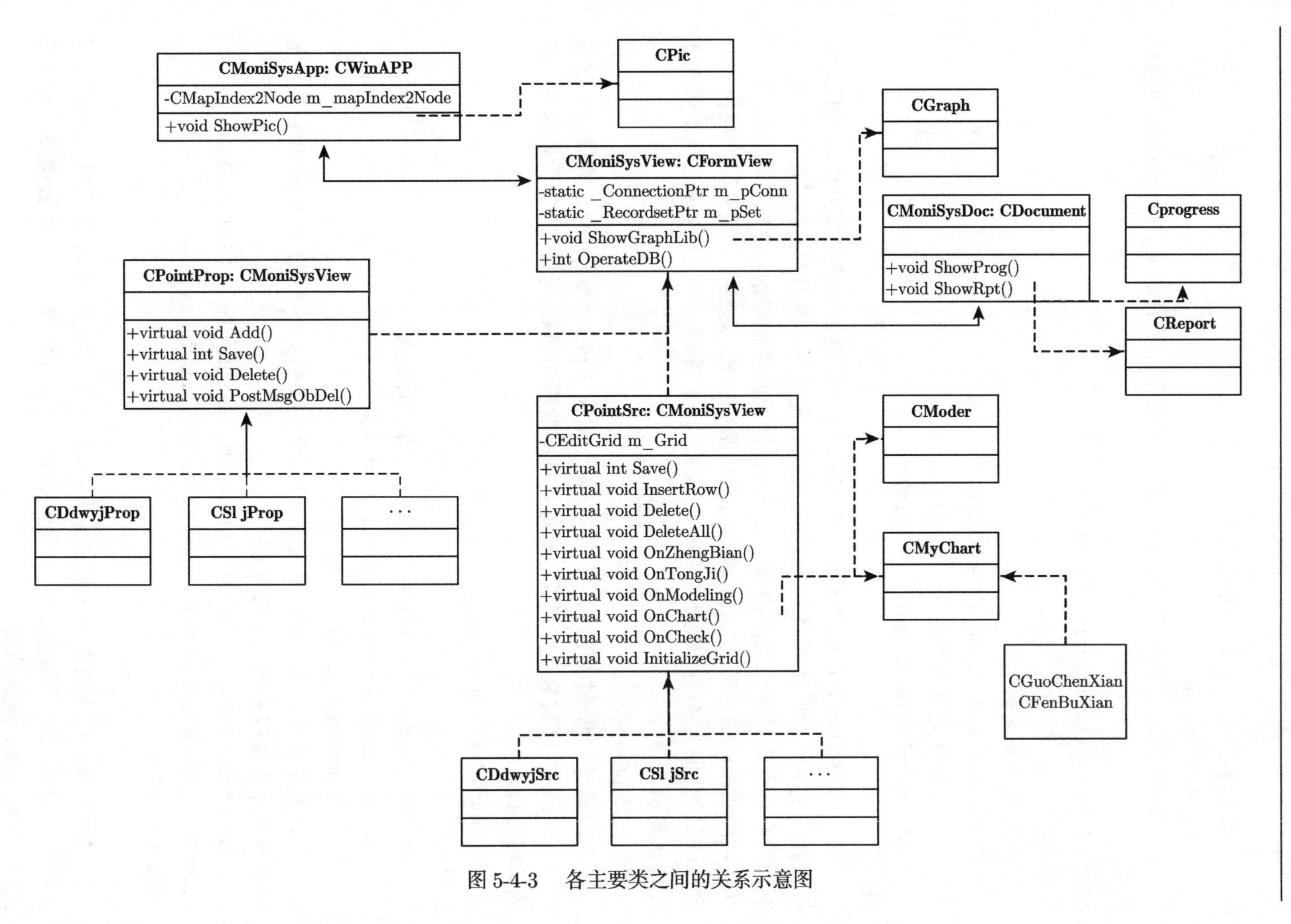

图 5-4-3 各主要类之间的关系示意图

下面简单介绍一下上述类的结构。

(1) CMoniSysApp

应用程序类，包含实现各测点之间从属关系，图片管理的一些结构和调用接口。

```
class CMoniSysApp: public CWinApp{
public:
    //从属关系结构
    CMapIndex2Node m_mapIndex2Node;
    //调用图片管理器的接口
    void ShowPic(stPicInfo* pstPic);
};
```

通过调用 ShowPic 接口函数，可以在程序中任何部分进行图片管理功能。该接口首先生成一个图片类对象，进行必要的初始化后，将控制权转交给图片类，由图片类自行负责处理相关的操作。以下凡是涉及此类接口的，都按本思路处理。不同的功能由不同的类实现，类之间通过接口函数联系。达到了封装和降低模块间耦合度的目的。这些类多派生于 CDialog 或 CView，采用“单文档多视”技术实现随时切换显示。

(2) CMoniSysView

系统视类，也是所有测点类、测点属性父类 CPointProp、测点数据录入父类 CPointSrc 的共同父类，封装了对底层数据库的操作函数，另外包含了实现图形库的调用接口。

```
class CMoniSysView : public CFormView{
public:
    static _ConnectionPtr m_pConn; //数据库连接
    static _RecordsetPtr m_pSet; //记录集
    void ShowGraphLib();//调用图形库
    //数据库操作，可以调用存储过程(不带或者带多个参数)，执行SQL语句，允
许返回或者不返回参数或者记录集
Int OperateDB (LPCTSTR strSQL,CommandTypeEnum nType,UINT nParas
=0,stPara_SP* pPara_SP=NULL,bool bHasOutPara=false,bool
bHasRst=false);
};
```

对数据库操作主要采用函数 OperateDB，针对传入的 SQL 语句或者存储过程名进行。stPara_SP 是存储过程的参数结构，分别存储参数名，参数类型，入口或出口，参数长度，参数的值。

```
struct stPara_SP{
CString sAug;//参数名
DataTypeEnum eDataType;//参数类型
ParameterDirectionEnum eParaDir;//入口或出口
ADO_LONGPTR lSize;//长度
_variant_t val;//参数值
};
```

(3) CMoniSysDoc

系统文档类，包含了对标段或单元工程进度、监测日志管理、报表管理的接口。

```
class CMoniSysDoc: public CDocument{
public:
    void ShowProg();//调用进度管理界面
    void ShowRpt();//调用报表管理界面
};
```

(4) CPointProp

测点属性父类，由不同测点类型的共同属性抽象形成。多点位移计、收敛计等具体测点属性类由该类派生并提供自身的属性输入界面和实现父类中的虚函数。

```
class CPointProp: public CMoniSysView{
public:
virtual void Add();//增加一个属性记录
virtual int Save();//保存属性记录
virtual void Delete();//删除一个属性记录
virtual void PostMsgObDel();//发送测点对象被删除消息到相关对象
};
```

(5) CPointSrc

监测数据父类，由不同测点类型的监测数据录入界面的共性抽象出来形成。多点位移计、收敛计等具体测点数据类由该类派生并提供自身的监测数据输入界面和处理函数。

```
class CPointSrc: public CMoniSysView{
public:
CEditGrid m_Grid;//数据输入表格控件
virtual int Save();//保存数据记录
virtual void InsertRow();//插入一行数据记录
virtual void Delete();//删除一行数据记录
```

```
virtual void DeleteAll();//删除该测点全部数据记录
virtual void OnZhengBian();//数据整编
virtual void OnTongJi();//数据统计
virtual void OnModeling(CData* pData);//数据建模
//参数pData是指向测点数据数组的指针
virtual void OnChart(CData* pData);//绘制曲线
virtual void OnCheck();//原始数据检查
virtual void InitializeGrid();//初始化m_Grid
};
```

(6) CGraph

图形类，用来管理、显示、编辑与监测有关的 CAD 图件，通过建立 7 种属性对象与图形元素的关联，实现图形–属性之间的双向联动。

(7) CMyChart

曲线绘制类，进行各种过程曲线、分布曲线的生成和显示。它又派生绘制过程曲线和分布曲线的两个类。

```
class CMyChart : public CView {
private:
    CData* pData;//数据
    CMyChart  m_chart ;//CMSChart
    EnumQuXianType m_eQXType;//曲线类型
    COleDateTime oledtStart,oledtEnd;//过程线的开始日期和结束日期
    public:
    void SetData(CData* pData);//设置绘图数据
    virtual void Initialize();//初始化
    virtual void DrawChart();//绘制曲线
    };
```

(8) CProgress

施工进度类，用来跟踪各个掌子面的施工进度，进行有关监测日志的建档及施工进度的动态管理，并且可以根据资料自动形成施工进度形象图。其界面为数据输入表格控件，提供数据录入、删除、修改、保存等编辑功能。

(9) CModer

数据建模类，主要提供对监测数据建立各种统计模型，Verhulst 模型、灰色模型、BP 神经网络模型、时间序列模型等。

(10) CPic

图片类，通过提供一个通用的图片管理器，用于管理、显示系统中的所有

图片。

(11) CReport

报表类，通过后台调用 Word，Excel 来生成和显示各种周报、月报等报表。开发实践表明，面向对象方法能够从逻辑上清晰地抓住监测系统中主要对象的关系并自然地形成功能模块，对象的功能由它自身实现，与其他对象的协作 (联系) 通过调用对象间的接口实现。模块封装性好，内聚度高，耦合度低。开发的系统具有良好的易维护性、可读性、可扩充性和可重用性。

应该指出，面向对象的方法也非十全十美，首先，现实世界中许多影响多个对象的全局处理的概念不属于任何单个对象，与面向对象的思想并不统一，缺乏有效的表示方法。另外，面向对象所带来的重用是代码级的，而多数情况下，由于来自不同的软件开发商，获得全部或者部分的源代码几乎是不可能的，因此需要在二进制级别实现集成和重用，这就是面向对象的进一步发展 ——“组件” 技术。

5.4.5 网络版软件开发和资源共享

岩土工程监测是需要多专业、多人参加的协同性很强的工作，并且监测数据共享以及监测信息及时反馈都对管理系统的开放性和网络化提出了新的要求，因此开发基于网络环境的监测信息管理系统非常必要。目前常见的网络环境下的岩土工程监测信息管理系统，主要实现方式是 C/S (客户/服务器) 结构、B/S(浏览器/服务器) 结构，以及 C/S、B/S 混合结构 [111,112]，但这些管理系统均以考虑监测信息的发布为主，未涉及网络条件下数据库安全性控制、多用户并发操作、运行效率、数据库恢复技术以及数据库服务器安全性等关键问题。我们在开发基于 C/S 结构的水电站地下厂房监测信息管理与分析系统，解决了网络版开发中的关键技术问题。

5.4.5.1 网络模式选择

C/S 结构，数据库存储在远程的服务器，在客户机上运行软件。它采用两层结构：前端是客户机，即用户界面接受用户的请求，并向数据库服务提出请求，后端是服务器，将用户请求结果返回给客户端，客户端将数据进行分析计算并将结果呈现给用户。这种结构的特点是交互性强、具有安全的存取模式、网络通信量低、响应速度快、利于处理大量数据。

B/S 结构，主机上安装维护一个服务器，客户端采用浏览器软件。它是随着 Internet 技术的兴起，对 C/S 结构的一种变化和改进。主要利用了不断成熟的 WWW 浏览器技术，结合多种脚本语言 (ASP、PHP、VBScript、JavaScript) 和 ActiveX 等技术，是一种全新的软件系统构造技术。但 B/S 模式执行效率低，交互性较差，并且数据库的安全问题尚无法完全解决。

SQL Server 是 Microsoft 公司推出的一个优秀的数据库管理系统，由于其优良性能、灵活和可伸缩性、便捷的可管理性和强大的可编程性，已成为众多应用程序开发的首选数据库系统。SQL Server 所提供的工具使客户端能通过多种方法访问服务器上的数据，这些工具的核心部分即是 Transact-SQL 代码。Transact-SQL 是 SQL 的增强版本，它提供了许多附加的功能和函数，极大地提高了应用程序的实用性。

由于水电工程监测需要处理大量的数据，数据安全性也需要保证，因此考虑在 SQL Server 数据库基础上，开发基于 C/S 结构的地下厂房监测信息管理与分析系统。

C/S 结构的软件可运行于 intranet 和 internet 两种网络环境，开发时需要实现数据库安全性控制，考虑多用户并发操作、运行效率、数据库恢复技术以及数据库服务器安全性等问题。

网络版系统的简单结构框架见图 5-4-4。

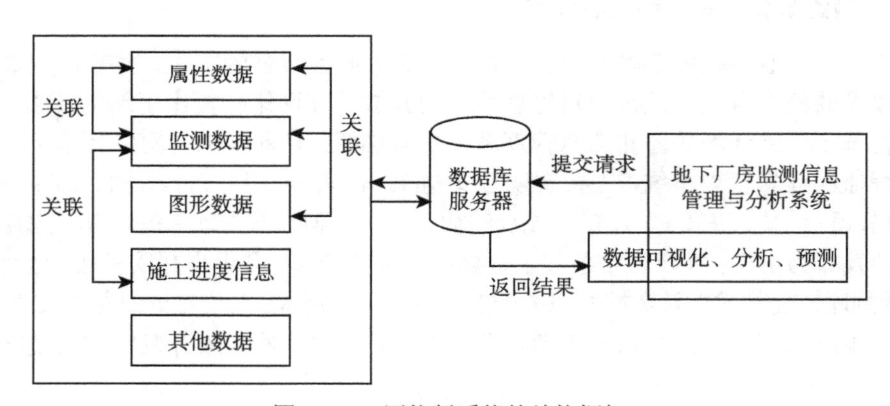

图 5-4-4 网络版系统的结构框架

5.4.5.2 数据库的安全性

数据库的安全性是指保护数据库以防止不合法的使用所造成的数据泄密，更改或破坏。在笔者开发的地下厂房监测信息管理与分析系统中因为大量数据集中存放于数据库服务器中，并为多用户直接共享，从而使安全性问题更为突出。数据库的安全性主要包括用户管理、身份验证和存取权限控制两方面。设置 SQL Server 数据库中用户验证采用 SQL Server 和 Windows 混合验证模式。设计用户表及用户权限分配表，属于某一组的用户拥有该组的所有权限。把系统内的用户分成三级，即三个用户组：系统管理组、数据操作组、访客组。用户分别隶属于相应的组。只有管理员具有用户管理权限，可以在系统内部新建，删除用户以及修改用户权限。具体的实现方法是 (见图 5-4-5)：创建用户，在用户表中增加用户，同时创建和用户名同名的数据库登录，然后为该登录分配固定服务器角色，授予数据库访问权限，再设定相应的数据库角色，数据库角色功能非常强大，可以精确地控制角色下用户对各个表、存储过程的访问权限。另外，因为用户表和权限分配表存储了重要的信息，需要限制非管理员级别用户访问。这样就可以实现 SQL server 和系统软件的双重验证：一方面，用户的权限在软件内部做了限制，不同级别的用户具有不同的软件界面，防止越权操作；另一方面，用户在 SQL Server 上也只具有被授予的权限，保证了数据库的安全性。

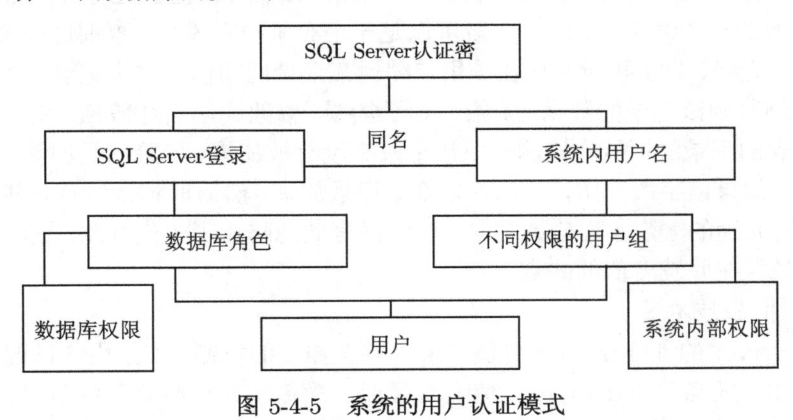

图 5-4-5　系统的用户认证模式

5.4.5.3　多用户并发操作问题

为了充分利用系统资源，发挥数据库资源共享的特点，应该允许各个用户并行地存取数据，提高系统效率。但这样就会产生多个用户并发存取同一数据的情况。若对并发操作不加控制就可能导致存取不正确的数据，由于相互的干扰和影响，并发操作可能引发错误的结果，从而破坏数据库的一致性。并发操作带来的数据不一致性包括三类：丢失更新、不可重复读和读 “脏” 数据。目前常用地并发控制技术主要有：

(1) 事务和锁

事务是用户定义的一个数据库操作序列，这些操作要么全做要么全不做，是一个不可分割的工作单位。锁是为了防止其他事务访问指定资源的一种手段，是实现并发控制的一个非常重要的技术。所谓锁即是在一段时间内禁止某些用户对数据对象做某些操作，以避免产生数据的不一致性问题。即事务 T 在对某个数据对象，如表、记录等进行操作之前，先向系统发出请求，并对其加锁。加锁成功后，事务 T 就对数据对象有了一定的控制权，在事务 T 释放它的锁之前，其他的事务就不能更新此数据对象。SQL Server 遵从三级锁协议，从而有效的控制并发操作可能产生的丢失更新、读 “脏” 数据、不可重复读等错误。

(2) 软件内部控制

1) 规定数据录入人员只能修改自己所建立的记录，那么就不会出现并发操作中的各种错误，因为这时各个不同的用户所能更新的记录不会发生重合。这种情况下，需要在数据库表中增加用户列。在用户浏览记录时，将用户列作为一个过滤条件，对应用程序的 SQL 语句做相应的调整。但这种策略的作用有限，因为在很多情况下，并发控制不可避免。

2) 仿照锁的基本思想调整应用程序和数据库结构，在需要进行并发控制的数据库表中增加一个锁字段，这个字段可以是一个布尔型变量。当查询这个表时，可以修改表的记录，为了防止其他在该用户编辑某记录期间修改这个记录，那么就需要客户在浏览到该记录的数据时，给该记录加锁，修改完毕后释放锁。别的客户要修改这个表的记录的话就先检测一下该记录有没有被加锁。如果已经加锁，则不能进行修改；如果锁字段空闲，那么首先给该记录加锁，然后取记录给客户浏览、编辑，在此期间别的客户不能修改记录。这就很有效地防止了丢失修改。这种方法很常用，但是存在并发度低的缺点。

(3) 时间戳技术

SQL Server 的 Timestamp 提供了解决并发控制的机制：如果用户试图修改某一行，则此行的当前 Timestamp 值会与最后一次提取此行时获取的值进行比较。如果值发生改变，则服务器就会知道其他用户已更新了此行，会返回一个错误，更新不成功。如果值是一样的，服务器就执行修改。

Timestamp 是一个数据类型，它是一个二进制数字，表示数据库中更改的相对顺序。每个数据库都有一个全局当前时间戳值：@@DBTS。当用户更改带有 timestamp 列的行时，SQL Server 先在时间戳列中存储当前的 @@DBTS 值，然后增加 @@DBTS 的值。如果某个表具有 timestamp 列，则时间戳会被记到行级，它的值会随着表的更新操作变化，可以比较某行的当前时间戳值和上次提取时所存储的时间戳值，从而确定该行是否已更新。

由于事务和锁机制可能造成死锁问题，需要进行逻辑控制，而时间戳技术则不存在这个问题，结合系统软件高度并发性的需求，系统内部采用时间戳技术来实现并发控制。

5.4.5.4 C/S 结构下的系统运行效率问题

在网络环境下，所有查询请求都是提交到数据库服务器上进行处理，如何提高数据传输速度和系统的运行效率是一个非常重要的问题，下面简要介绍一下作者开发过程中采用的方法：

1) 采用 TCP/IP 连接方式而非命名管道，因为在局域网环境下，两种连接方式性能基本相当，但在广域网下 TCP/IP 连接明显优于命名管道。

2) 根据查询条件，建立索引、优化索引、优化访问方式，限制结果集的数据量。注意填充因子要适当 (最好是使用默认值 0)。索引应该尽量小，使用字节数小的关键字段建索引。

3) 查询时只返回必要的行、列，以减少数据传输。

4) 因为开发的管理系统是基于 GIS 的，其中包含大量的工程图件，图件本身占用空间就比较大，如果处理不好，将极大地降低系统的效率，这也是大量数据传输中的常见问题。在数据库内用 Image 字段保存这些图件，插入二进制图件到 Image 列，采用存储过程来处理，而不用内嵌的 Insert 来插入，因为这样软件内首先将二进制值转换成字符串 (大小是二进制文件的两倍)，服务器接收到字符后又将之转换成二进制值，而存储过程就没有这些动作，方法是：Create procedure SP_insert as insert into table (图形文件表) values (@PicFile), 在客户端调用这个存储过程传入二进制参数，这样处理速度明显改善。

5) 没有必要时不使用 DISTINCT 和 ORDER BY 语句，这些操作可以改在客户端执行，因为它们增加了额外的开销。

6) 尽量将数据的处理工作放在服务器上，广泛地使用存储过程，以减少网络传输的开销。存储过程是编译好、优化过、并且被组织到一个执行规划里且存储在数据库中的 SQL 语句，是控制流语言的集合，运行速度很快。反复执行的动态 SQL，可以使用临时存储过程，该过程 (临时表) 被放在 Tempdb 中。以前由于 SQL Server 对复杂的数学计算不支持，所以不得不将这个工作放在其他的层上面而增加网络的开销。SQL Server 2000 支持用户自定义函数, 支持复杂的数学计算，函数的返回值不要太大，因为这样的开销很大。

5.4.5.5 数据库恢复技术

由于电脑硬件的故障、管理系统软件的错误、操作人员的失误以及恶意的破坏是不可避免的，这些故障轻则造成运行事务非正常中断，影响数据库中数据的正确性，重则破坏数据库，使全部或部分数据丢失，因此系统必须具有把数据库从错误状态恢复到某一已知的完整状态的功能，这就是数据库的恢复。为保护数据免受意外的损失，需要定期对数据库进行备份操作，作为数据库恢复的依据。系统内部集成了数据库备份和恢复操作，另外，基于网络的备份也是非常重要的，可以防止某一备份的意外丢失，下面是把数据库备份到指定客户机的存储过程部分代码：

```
        -- 备份设备名称
        DECLARE @DeviceName VARCHAR(128)
        SET @DeviceName = @UserName + '@' + @RemoteIP + '\'
+ @ShareName + '\' + @SharePath + '\'
        -- 备份设备路径
```

```
        DECLARE @DevicePath VARCHAR(512)
        SET @DevicePath = '\\' + @RemoteIP + '\' + @ShareName + '\'
+ @SharePath + '\' + @BackupFile
        -- 添加备份设备
        EXEC @Result = Sp_AddumpDevice 'Disk' , @DeviceName,
@DevicePath
        -- 添加共享连接命令
        DECLARE @AddShare VARCHAR(512)
        SET @AddShare = 'NET USE \\' + @RemoteIP + '\' + @ShareName
+ ' ' + @Password + ' /USER:' + @UserName + '@' + @RemoteIP
        EXEC @Result = xp_cmdshell @AddShare
        --备份数据库
        BACKUP DATABASE @Database TO @DeviceName
```

5.4.5.6　SQL Server 数据库服务器的安全问题

(1) 修改默认监听端口

SQL Server 默认安装情况下监听 TCP 端口 1433。修改默认端口为其他如 8077，这样可以避免端口扫描软件扫描到电脑上开启的 SQL Server 服务，达到隐藏服务的效果，减少被攻击的可能。默认端口改变后，需要修改数据库连接字符串，在其中添加服务监听的端口，否则无法连接到服务器，具体修改方法如下：“*Provider=sqloledb;Network library=DBMSSOCN;Initial catalog=DatabaseName;UID=UserName;PWD=PassWord;Data Source=数据库服务器 IP 地址，端口*”。

(2) 加装补丁

尽量安装 SQL Server 最新的补丁，使数据库服务器运行更加安全。

(3) 使用 NTFS 文件系统

NTFS 是最适合安装 SQL Server 的文件系统。它比 FAT 文件系统更稳定且更容易恢复，而且它还包括一些安全选项，例如文件和目录 ACL (Access Control Lists) 以及文件加密 (EFS)。在安装过程中，如果侦测到 NTFS，SQL Server 将在注册表和文件上设置合适的 ACL。

5.4.6　VC 环境下结合 ADO 开发监测数据库应用系统

笔者在开发过程中体会到 VC 和 Windows 底层系统结合紧密，非常灵活，功能强大，VC 环境下结合 ADO 开发监测数据库应用系统有独特的优点。

目前，快速开发前端工具如 Visual Basic (VB) 等在信息管理系统应用程序开发中十分流行，这些工具提供了大量用于数据库操作的控件，能够快速构建数据库应用程序。但一旦它们所提供的功能不能满足开发者的要求时，需要突破是比较困难的事情，往往靠借助第三方收费控件，因此灵活性比较欠缺。

VC 是一种面向对象的高级程序设计语言，它和底层 Windows 系统联系紧密，能够直接调用 Windows API (Application Programming Interface) 函数。其 MFC (Microsoft Foundation Classes) 类库提供的应用程序标准框架封装了 Windows 应用程序中共有的窗口操作、消息传递、事件响应机制和相关 API 函数，使开发者能够集中精力于专业相关的编程中。另外，VC 具有很强的灵活性，允许开发者对 MFC 类进行继承、定制以实现特定的功能要求，开发出来的程序短小精悍，软硬件要求低，运行速度快，特别能满足实时监测数据采集要求，并且易于扩展成各种系统。

相比于 VB，VC 具有非常强大的类型安全的数据结构类型，编程中使用起来十分方便。我们在开发中广泛使用了 MFC 映射类 CMap，动态链表类 CList，动态数组类 CArray 为基类来派生自己的数据类。较好地解决了可变大小的整编数据结构，软件容错、设置多个初值日期和更换传感器所带来的数据结构设计等问题。

监测信息管理系统主要由 4 大部分组成，即数据库管理、数据录入与处理、图形可视化、监测数据建模及预测功能。比起其他语言，VC 在计算、图形和建模上较大的优势。因此，采用 VC 来开发此类系统也是十分合宜的。

5.4.6.1 ADO 技术的应用

ADO 是 Microsoft 数据库应用程序开发接口，是建立在 OLE DB 之上的高层数据库访问技术。OLE DB 技术基于 COM (Component Object Model)，它作为数据源和应用程序的中间层，允许应用程序以统一的接口访问不同形式的数据源而不用考虑数据的具体存储地点、格式或类型 (如关系数据库、非关系数据库及邮件、Web 上的文本或图形等其他不同格式的文件)。但是 OLE DB 的设计目的是为多种多样的应用程序提供优化功能，其使用十分复杂。

ADO 封装了 OLE DB 提供的 COM 接口，它提供一组用自动化 (Automation) 技术建立起来的对象，是连接应用程序和 OLE DB 的桥梁，适合于各种客户机/服务器应用系统和基于 Web 的应用。其主要优点是易于使用、高速度、低内存支出和占用磁盘空间较少，并且访问数据的效率更高。

ADO 中最重要的对象有三个：连接对象 Connection 代表打开的、与数据源的连接，如果是客户端/服务器数据库系统，该对象等价于到服务器的实际网络连接；命令对象 Command 定义了将对数据源执行的指定命令；记录集对象 Recordset 表示来自基本表或 SQL (结构化查询语言) 命令执行结果的记录全集。

目前，很多有关 ADO 的编程资料都是基于 VB 编写的，事实上，只要掌握了 ADO 编程模型、主要编程对象以及它们的基本属性和方法，就会发现利用 VC 进行数据库编程也很容易。

监测数据来源复杂，类型多，包括各类数值数据，文字描述，影像及声音资料等，可能以不同的文件格式保存，因此，在监测软件系统中采用 ADO 开发是很合适的，从图 5-4-6 中可以看出，监测系统中曲线的绘制、查询、数据建模与预测以及分析和评价都是通过 ADO 进行数据抽取的。

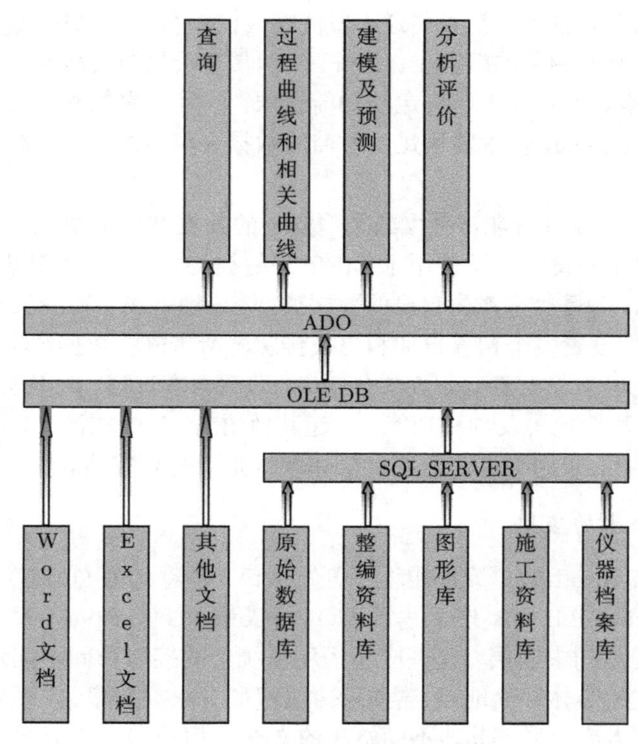

图 5-4-6　监测软件系统中的数据流

5.4.6.2　使用 ADO 的基本流程

(1) 初始化 COM 库：用 AfxOleInit() 来初始化 OLE/COM 库，通常在 CWinApp::InitInstance() 的重载函数中完成。

(2) 引入 ADO 库定义文件：

```
#import"c:\ProgramFiles\CommonFiles\System\ADO\msado15.dll"
rename("EOF","adoEOF") rename_namespace("ado20") using namespace ado20;
```

编译时系统会自动生成 msado15.tlh，msado15.tli 两个 C++ 头文件来定义 ADO 库，ADO 中的各个对象及它们的方法和属性的原型声明都包含在这两个文件中。注意：文件 msado15.dll 在系统中的具体路径可能同上述不一致。

(3) 用 Connection 对象连接数据库:

```
_ConnectionPtr m_pConn;//指向连接对象的指针
m_pConn.CreateInstance(__uuidof(Connection)); //创建连接对象的实例
CString strConn = "driver={SQL server};SERVER=202.127.156.78;UID=wh;
PWD=1234;database=xwjc";
m_pConn->Open((const char *)strConn,"","", adModeUnknown);
//创建与数据源的连接。
```

strConn为连接字串，UID是用户名， PWD是登录密码， database是数据库名。_ConnectionPtr类封装了Connection对象的Idispatch接口指针及一些必要的操作。通过这个指针来操纵连接对象。类似地，后面用到的_CommandPtr和_RecordsetPtr类分别表示命令对象指针和记录集对象的指针。

(4) 利用建立好的连接，就可以通过 Connection、Command、Recordset 对象对数据库进行操作，这三个对象的应用有所不同:

a. Connection 用于建立数据库连接，常用来执行不返回任何结果集的 SQL 语句、存储过程，但也能返回记录集。

b. Command 用于返回记录集，并提供简单的方法执行存储过程或者任何返回记录集的 SQL 语句。

c. Recordset 就是记录集，可进行数据的存取、滚动操作。

(5) 使用完毕后关闭连接释放对象。

```
m_pConn->Close();
m_pConn.Release();
::CoUninitialize();
```

5.4.6.3 Connection 对象的使用

Connection 对象最常用的是 Execute 方法，用来执行 SQL 命令，返回 Recordset 指针。该方法返回的 Recordset 对象为只读。

Execute 方法的原型声明: inline _RecordsetPtr Connection15::Execute (_bstr_t CommandText, VARIANT * RecordsAffected, long Options) 。

其中 CommandText 是命令字串，通常是 SQL 命令；参数 RecordsAffected 是操作完成后所影响的行数；参数 Options 表示 CommandText 中内容的类型。例子如下:

```
CString strSQL=_T("SELECT * from DuoDianWeiYiJi");
m_pSet=m_pConn
->Execute(_bstr_t(strSQL),&vRecsAffected,adCmdText);
```

5.4.6.4　Command 对象的使用

当要执行复杂的 SQL 命令，带参数的命令，调用存储过程特别是带参数的情况时，需要使用 Command 对象对数据源进行操作，具体过程如下：

(1) 创建命令对象。

(2) 创建参数对象并添加到命令对象的参数集中。每个命令对象都包含一个参数集，一个参数集则包含有多个参数对象。

(3) 使用命令对象的方法 Execute 执行命令，返回记录集，该记录集是只读的，代码片断如下：

```
    _CommandPtr pCmd;
    _ParameterPtr pPara;
    ParametersPtr Paras;
    pCmd.CreateInstance(__uuidof(Command));// 创建命令对象
    Paras=pCmd->GetParameters();//获取命令对象的参数集
    pPara=pCmd->CreateParameter(_bstr_t("theGrpID"),adSmallInt,
adParamInput,2); // 创建参数对象
    pPara->Value=_variant_t((long)m_nGrpID);
    Paras->Append(pPara);// 添加参数对象到命令对象的参数集中
    pCmd->ActiveConnection=m_pConn; //设置命令对象的连接属性
    pCmd->CommandText=strSP;//存储过程名字
    pCmd->Execute(NULL,NULL,adCmdStoredProc);
//调用命令对象的Execute方法执行存储过程
```

5.4.6.5　Recordset 对象的使用

Recordset 对象主要用来进行查询取得记录集，然后对记录进行遍历、增加、删除、修改等操作。经常用到的方法有 Open，AddNew，Delete 等。用 Connection 和 Command 对象的 Execute 方法也能得到记录集，但是只读的。因此要想能修改数据，需要用 Recordset 的 Open 方法。典型操作流程如下：

(1) 建立记录集对象

```
m_pSet.CreateInstance( __uuidof(Recordset));
```

(2) 从数据源中取得记录集 (Open 方法)：

函数原型：inline HRESULT Recordset15::Open (const _variant_t & Source, const _variant_t & ActiveConnection, enum CursorTypeEnum CursorType, enum LockTypeEnum LockType, long Options)

其中 Source 是数据查询字符串，也可以是命令对象，一个表的名字等等；Active Connection 是连接对象 (当 Source 为命令对象时该值取空)，CursorType 是光标

类型，LockType 是锁定类型，参数 Options 同 Connection 对象 Excute 方法中的意义。

下面介绍使用 Open 的两种方法。

a：直接使用 SQL 语句或者不带参数的存储过程，此时 Source 为 SQL 语句或存储过程名，Options 取 adCmdText 或者 adCmdStoredProc。

```
    m_pSet->CursorLocation=adUseClient;
    sConn=(char*)m_pConn->GetConnectionString();
    m_pSet->Open(_variant_t(strSP),_variant_t(sConn), adOpenDynamic,
adLockPessimistic, adCmdStoredProc);
    // sConn 为连接字串，strSP为存储过程名。
```

b：使用命令对象，首先需要按照前面所述对命令对象进行赋值：

```
    m_pSet->Open((IDispatch *)pCmd, vtMissing,adOpenDynamic,
adLockPessimistic, adCmdStoredProc);// pCmd为命令对象指针。
```

(3) 记录集的遍历、更新

ADO 提供了在记录集中增加、删除和移动记录的方法，用这些方法可以很方便地遍历和更新记录集。

```
while (!m_pSet->adoEOF){
//得到"ElementName"字段
var=m_pSet->GetCollect("ElementName");
//对该字段进行修改操作
m_pSet->PutCollect("ElementName",_variant_t(sNewEle));
//移动到下一个记录
    m_pSet->MoveNext();
}
//删除当前记录
m_pSet->Delete(adAffectCurrent);
//增加一个记录
m_pSet->AddNew()
......
m_ pSet->Update();
```

(4) 关闭记录集

```
    if(m_pSet->State==adStateOpen)  m_pSet->Close();
```

(5) 搜索记录

使用 Recordset 对象的 Find 方法和 Filter 属性可以搜索当前记录集中满足指定条件的记录。但 Find 方法只能搜索一个字段，Filter 属性能筛选多个字段，各字段间可用 AND 或 OR 操作符连接。举例如下：

```
//搜索观测日期等于指定值的记录
m_pSet->Find(_bstr_t("ObservedDate= '2005-10-12 12:30:00'"), 0,
adSearchForward);
//搜索观测日期和测点号等于指定值的记录
m_pSet->Filter = _bstr_t("ObservedDate= '2005-10-12 12:30:00'
AND PnNO='CF－10'");
```

5.4.6.6　其他

(1) 错误捕获

大多数 ADO 操作总是返回一个 HRESULT 值说明该操作是否成功完成。如果该值指示失败，ADO 将会抛出一个 COM 错误。COM 错误对象将在 try-catch 块中被捕获。另外，由下层提供者 (Provider) 返回的错误以 Connection 对象中 Errors 集合中的一个 Error 对象的形式出现。程序中应随时捕获这两类可能出现的错误。

(2) 动态绑定

在编程过程中对数据库和数据表实行动态绑定，即用 SQL 语句动态构造结果字段，而不是将 Recordset 对象的字段映射到成员变量。同静态绑定相比，动态绑定性能更好，减少了代码量，容易维护，更具有通用性和灵活性。

(3) 存储过程

另外，建议将常用的查询写为存储过程，采用 ADO 调用，可以带参数，返回结果值或者记录集等，能提高数据库的执行速度；并且，可以在 SQL Server 的查询分析器中直接调试存储过程，成功后再测试 VC 代码，十分快捷。

本节介绍了 ADO 在 VC 环境下的应用，主要阐述了使用 ADO 的流程，ADO 中最重要的三种对象 Connection、Command、Recordset 的基本使用方法，有关 ADO 对象模型的细节请参阅相关文献。

需要指出，监测信息管理系统的主要工作之一是对数据的存取访问，因此，熟练掌握 SQL 语言是非常关键的，ADO 只是简化了对数据库的操作，它不能替代 SQL。开发者应该熟悉 T-SQL 命令和 SQL Server 提供的查询分析器等有用工具，才能优化数据库设计和 SQL 查询效率。

5.4.7　其他开发特色

本节介绍笔者在开发某地下厂房施工期监测信息管理、预测预报系统的过程中，总结出来的有关水电工程监测软件系统开发中的系统总体设计、数据库和数据结构设计以及系统界面架构方面的一些共性问题。

(1) 可变大小的整编数据结构实现

系统中测点对象关联着监测数据和仪器参数表，为每类仪器设计了一个测点数据表。有的仪器 (如多点位移计) 总是按整个组或者整个断面的测点一起存储、输入、整编和显示过程曲线，笔者采用组 ID/断面 ID 来识别同一个组和同一个断面中的测点。多点位移计的数据库记录表格格式如下："组 ID、观测日期、测值 1~测值 6、位移 1~ 位移 6"。

由于一个组中测点的个数不确定，可采用结构 stZBData 和动态数组 CZBDataArray 来解决数据整编问题。

```
struct stZBData{
public:
    stZBData();
    stZBData(const stZBData& src);
    stZBData& stZBData::operator =(const stZBData &src);
    CMyFloatArray aVal;//测值，单精度数值数组
    CMyDoubleArray aSum;//累积位移，双精度数值数组
    double fDate;//日期
    ......
};
class CZBDataArray: public CArray<stZBData,stZBData&>
{
public:
    CZBDataArray();
    void CopyZBData(const CZBDataArray& src);
    ......
};
```

其中 aVal 和 aSum 为动态数组，维数不定。比如 m_aZBData 为 CZBDataArray 变量，对于某组数据，第 i 天的原始记录存于 m_aZBData[i].aVal，累计位移存于 m_aZBData[i].aSum，如果组内有 5 个测点，则 aVal 和 aSum 的维数为 5。这样在编程上就比较简洁、统一地实现了在测点个数未知情况下整个组/断面测点原始数据的存储。

(2) 单文档和多窗口视 (FormView) 界面的实现

一般监测系统采取数据表格，对话框或单 FormView 三种数据录入界面。这些界面其实都存在不直观、操作不便和不能同时打开、查看多个相关窗口等缺点。为此，笔者设计了单文档和多 FormView 结构，具有多文档界面的风格，可以同时打开多个输入的 FormView 并随时切换，便于数据录入和查看。比如，用户在输入某

测点监测数据时，能够同时看到该测点的属性窗口。其编程思想如下：

① 基于对话框资源创建一个 FormView 的 C++ 对象 pView;

② 用系统缺省的文档模板对象创建一个子框架类对象 pFrame;

③ 为子框架对象创建并添加一个 pView 的 Windows 窗口对象，销毁第二步创建 pFrame 时缺省生成的 View 对象，最终形成一个子框架类对象包含一个指定类型的 FormView。

程序片断参考如下：

```
CFVBidInfo*pView=new CFVBidInfo(nIDTemplate);
// CFVBidInfo是标段属性FormView, nIDTemplate为对话框资源ID,
并且有对应的对话框模板
…
pFrame=(CChildFrame*)(theApp.GetGeneralDocTemplate())
->CreateNewFrame(this,NULL);
pView->Create(NULL,NULL,style,rc,pFrame,nIDTemplate);
AddView(pView);
pFrame->SetActiveView(pView);
……
```

(3) 表格控件的容错问题

监测系统软件需要具有很强的容错功能，对用户的误操作、误输入会自动提示和取消输入。Visual C++ 对常规控件提供了对话框数据验证功能 (DDV)，但对于输入中常用的表格控件 (MSFlexGrid) 没有提供相关功能。为此，设计了结构 stCellCtrl 和类 CMapCol2Ctrl 来实现表格控件的容错。

```
struct stCellCtrl{
    EnumCellControlType nCtrlType;//指示单元格控件类型
    EnumCellTextType nCTT;//单元格文本类型
    TCHAR chFormat[18];//单元格文本格式
    double dMin,dMax;//数值型数据取值范围
    COleDateTime dtMin,dtMax;//日期型数据取值范围
    UINT nMaxChar;//字符串最大长度
    CStringList strList;//如果单元格要显示ComboBox, 则strList记录将要填
入ComboBox的内容
    bool bCanNotBeNULL;//本列是否允许空
    ……
};
typedef CMap <long,long&,stCellCtrl*,stCellCtrl*&> CMapCol2Ctrl;
```

通过 CMapCol2Ctrl 将 MSFlexGrid 的每列映射到结构 stCellCtrl，当双击 MSFlexGrid 的单元格时就可以根据结构成员 nCtrlType 的取值显示编辑框、下拉列表 (ComboBox)、图片浏览器等任何其他控件，同时，通过 stCellCtrl 结构的几个取值范围成员实现输入数据的验证。

另外，还可以在数据库中设置约束等来防止输入出错，但为了减轻服务器的压力，最好直接在客户端软件中进行数据验证。

(4) 多个初值日期的考虑

监测实施过程中，测点被破坏导致需要重设初值日期或者重新更换传感器的现象时有发生，监测系统软件必须能够处理这种情况。为此，设计了测点变动表将变动测点的 ID、发生变化时的日期以及其他信息记录于数据库中，并用类 CIniDateList 记录某组/断面中所有测点的全部初值日期。在数据整编过程中系统会扫描 CIniDateList，如果发现该天是初值日期，再做相应处理。

```
struct stIniDate{
    int nPnID;//测点在数据库中的ID
    double dbDate;//日期值
public:
    stIniDate& stIniDate::operator =(const stIniDate &src);
    ......
};
class CIniDateList: public CList<stIniDate*,stIniDate*&>{
public:
    bool FindContent(const stIniDate& st,POSITION& posFind);
    void GetFirstIniDate(const int nPnID,double& dbIniDate);
void CopyList(const CIniDateList& src);
bool IsIniDate(double dbDate);//检查指定的日期是否是初值日期
......
};
```

对于多次更换传感器的情形也可以照此处理。

5.4.8 系统特色

(1) 集成性好

系统中集成了数据库管理、数据录入与处理、监测图件管理和调阅、建模及预测功能，使得用户基本上能够应付常规的监测内业处理工作。另外，考虑到目前办公软件的流行情况，提供软件成果输出为 Microsoft Word 和 Excel 格式，方便用户制作报告。

(2) 全面性和先进性

已有的监测系统一般基于 FoxPro 等小型数据库，没有提供查询功能或者查询功能较弱；而众所周知水电工程施工中安全监测最为复杂，本系统基于 Microsoft SQL 大型数据库，系统涵盖了水电监测中的大多数监测仪器，全面管理与监测有关的监测、地质以及设计资料，功能齐全，完备性好。本系统目前虽然是针对地下厂房开发的，但对大坝和边坡监测也完全适用。

采取单文档和多窗口视的系统界面，具有独特优点，实现了可变大小的整编数据结构、软件容错、设置多个初值日期和更换传感器所带来的数据结构设计。

(3) 可扩充性

提出的 7+1 种属性对象能非常有效地建立水工建筑物和观测仪器之间，以及各水工建筑物之间复杂的从属关系，并提出实现这种关系的数据库表和相关数据结构，按这种思路开发的系统伸缩性好。

今后可进一步在本系统上添加各种数值分析模块，构成岩土工程辅助设计系统；或进一步开发分析评价和决策支持功能，形成专家系统。另外，也可以将本系统扩展后连接各种传感器、读数仪进行实时数据采集。实现和电子全站仪、水准仪等仪器的数据自动采集。

在上述监测软件系统的支持下，监测工作就能直观地统揽全局，及早发现问题；综合地采取多种数学模型，对工程和环境的安全进行评估、预测和预报，并及时反馈给施工、设计和业主，以供正确决策指导施工，确保安全。目前，该系统已经应用于小湾水电站引水发电系统施工期安全监测中，反响较好。

5.5 不足之处和展望

(1) 作为供一线普通技术人员使用的监测信息管理、预测预报系统，应该说本系统在功能的完备性、可靠性、方便易用性上独具特色，处于国内前列。但在监测数据的分析、反馈及指导施工方面，本系统仅提供了常用的概率统计模型和系统科学模型如灰色模型、神经网络、时间序列等，在监测数据的成因分析、确定型模型的建立、监测工作同数值模拟的结合等方面还不够深入，与服务于决策支持的专家系统相比还有较大的差距，需要进一步完善。

(2) 笔者所开发的系统是二维的，目前已有类似的三维系统报道，但主要以三维地质可视化为目的，还不是真正以面向施工第一线的监测业务流程为准的、功能完备、实用的集成系统。为了提供更加形象直观的效果，我们拟今后基于商品化的平台开发三维监测信息管理、预测预报系统，应用于地铁等大型项目，主要设计功能如下：

① 采用三维可视化技术，根据沿线地形图、航片、地质图和周边建 (构) 筑物

资料，建立研究区段的三维地质模型和三维地表建筑实体模型，在此基础上可以直观地展示地铁沿线地物分布情况，动态模拟基坑施工开挖过程，供有关部门实时掌握施工进度和周边环境动态。

② 在三维模型中，可以直观形象地查看地铁沿线的受监控建筑物，显示监测数据和时序曲线；同样也可以直观地查看基坑监控资料，显示监测量的分布图形。形象地展示施工引起的整个基坑以及周边建筑物的变形及其发展过程，并给出动画显示。

5.6 本 章 小 结

本章详细介绍了地下工程施工期监测信息管理、预测预报系统软件的开发、主要功能和系统特色。与使用复杂的决策支持系统相比，本系统以处于工程第一线的施工、监理、管理人员为主要用户，集成了数据库管理、数据录入与处理、图形可视化和图形–属性数据双向联动、数据建模及预测四个方面的功能。具有操作简单、可靠性高、集成度高和可扩充性强等特点。

针对地下工程监测的数据流程，提出了 7 + 1 种属性对象来描述测点之间、测点与所属的建筑物之间的从属 (层次) 关系，并实现其数据结构和数据库编程，基于以上属性对象构建的系统软件伸缩性很好，可以应用于边坡、基坑等其他岩土工程监测领域。

采用面向对象方法开发了监测系统，系统功能及界面安排有许多独到之处 (可变大小的整编数据结构、软件容错、设置多个初值日期和更换传感器所带来的数据结构设计问题、单文档和多窗口视的系统界面、与 Office 组件的集成等)，实现了多表多条件的交叉查询，在监测软件中嵌入动态图形绘制和编辑模块，实现了类 GIS 的功能如图形–属性数据的双向联动。

介绍了在 VC 环境下采用 ADO 开发数据库应用系统的技术，探讨了 C/S 结构系统软件开发中的关键技术如数据库安全性控制、多用户并发操作、网络环境下的执行效率、数据库恢复技术以及数据库服务器安全性等问题。

本章中介绍的内容对于从事类似监测软件开发的人员是相当有益的。

第6章 工程实例 (厦门成功大道施工期监测)

依托厦门成功大道 JC2、JC3 标段土建施工工程，以隧道监测、基坑监测为例，详细介绍工程风险分析、监测数据分析、监测信息反馈及软件设计实践，并应用于该工程的安全风险管理工作，从而提高信息化施工水平。

6.1 隧道工程监测

6.1.1 工程概况

厦门市成功大道 (工程初期为机场路) 一期工程莲前西路下穿道及莲前 —— 梧村山隧道为分离式车行隧道，总体呈南北走向，为双向六车道特长隧道，单洞净宽 13.5m，净高 5.0m。隧道北端连接谊爱路高架桥，向南下穿前行，穿过莲前西路、东浦片区及浦南工业区、梧村隧道，与文曾路立交。JC2、JC3 标段总长 1850m。其中 YK7+500~YK8+150 总长 650m 段采用暗挖法施工，YK6+300~YK7+500，长 1200m 段为明挖法施工。

浅埋暗挖段隧道位于莲前西路两侧的龙山山前台地和浦南工业区，人口稠密，工业、民用建筑林立，城市环境复杂 (图 6-1-1)。

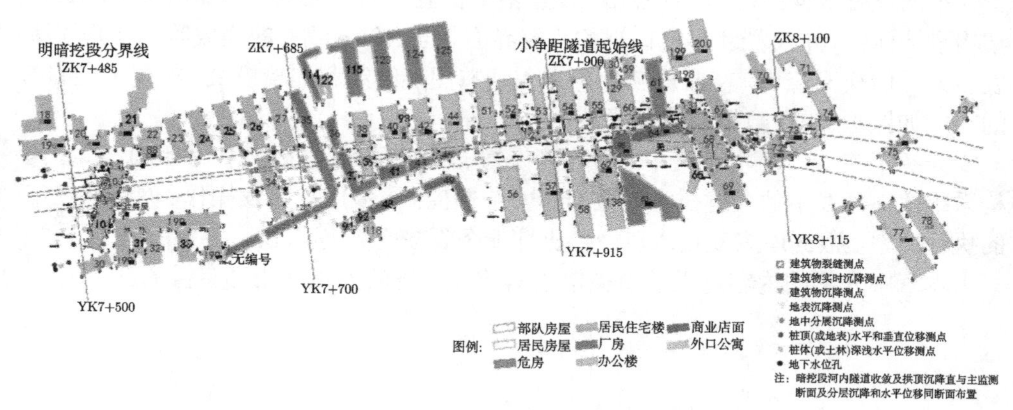

图 6-1-1 JC3 标段暗挖隧道平面示意图

由于地质条件复杂，使得隧道结构形式设计复杂化：ZK7+485 至 ZK7+530 里程段为三导洞双连拱隧道，ZK7+530 至 ZK7+630 里程段为小净距隧道，7630 至 7810 里程段为初支连拱隧道，ZK7+810 至 ZK8+135 里程段为分离式隧道。

根据隧道洞身围岩等级，确定施工开挖方式为：(1) II、III级围岩采用台阶法，IV级围岩采用 CD 法，II至IV级围岩均采用爆破开挖方式；(2) V、VI级围岩开挖采用三导洞法和 CRD 法，以人工辅助小型挖机开挖，保留核心土直至两侧初期支护完成；(3) 隧道开挖左洞超前右洞，在采用 CRD 法施工的小净距及初支连拱隧道段左洞二衬要超前右洞靠近中夹岩部分开挖 15m 以上，左洞二次衬砌完成后再开挖右洞⑦、⑧部。施工开挖顺序见图 6-1-2。

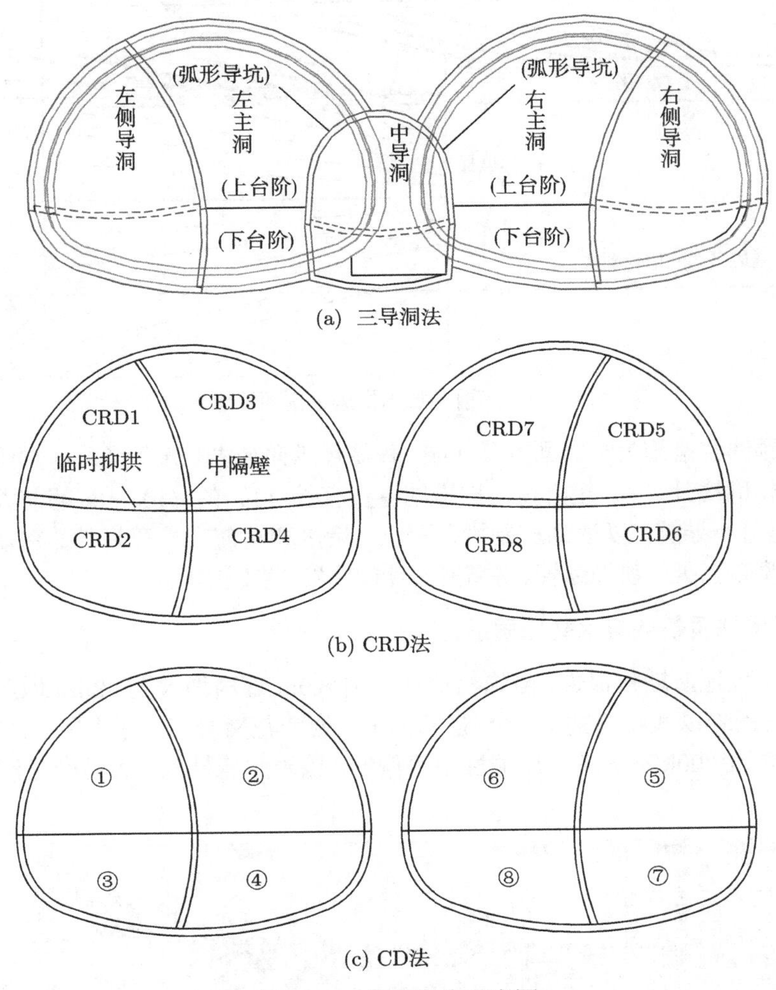

图 6-1-2 施工顺序示意图

由于隧道洞身地质条件差，在V、VI级围岩隧道开挖上台阶时保留核心土，开挖进尺 0.6m/循环 (拱架的间距)；下台阶中间留土柱，左右交替开挖，开挖进尺最大 1.2m/循环 (2 榀拱架的距离)，土柱在作仰拱时挖除；并及时喷砼封闭岩面，减少围岩暴露时间。

在下穿关键建筑物的区域采用 CRD 法施工，为防止隧道防坍，设计上采取了超前预注浆、超前预支护、加强初期支护等多种手段保证隧道的安全 (图 6-1-3)。

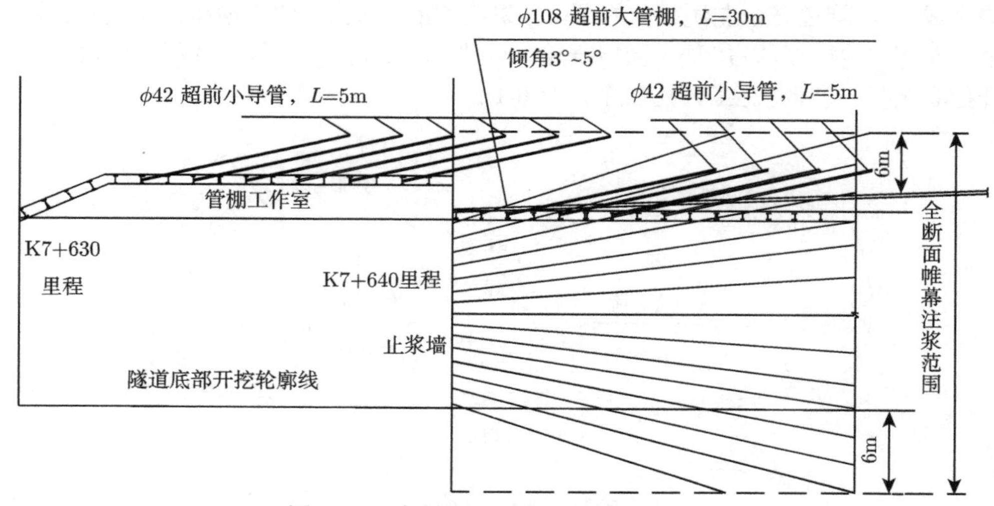

图 6-1-3　超前预加固措施纵剖面示意图

超前预注浆措施为全断面帷幕注浆，每循环纵向加固长度为 30m，加固范围为隧道开挖轮廓线外 6m。超前预支护措施主要有长 30m 的 ϕ108mm 超前大管棚和 ϕ42mm 超前小导管，以达到控制拱顶下沉、堵水和超前支护等目的。初期支护措施主要有型钢拱架、锁脚锚管、系统锚管和二层初期支护等。

6.1.2　工程地质条件与水文地质条件

根据工程地质勘察报告，隧道沿线埋深由 8.9m 逐渐增大至 42m，地质条件复杂，洞身段围岩以残积亚粘土、全/强风化正长岩和花岗岩为主 (见图 6-1-4)，地基土容许承载力 300kPa 左右，压缩性中等偏低，围岩水稳性差，容易产生渗透变形破坏。

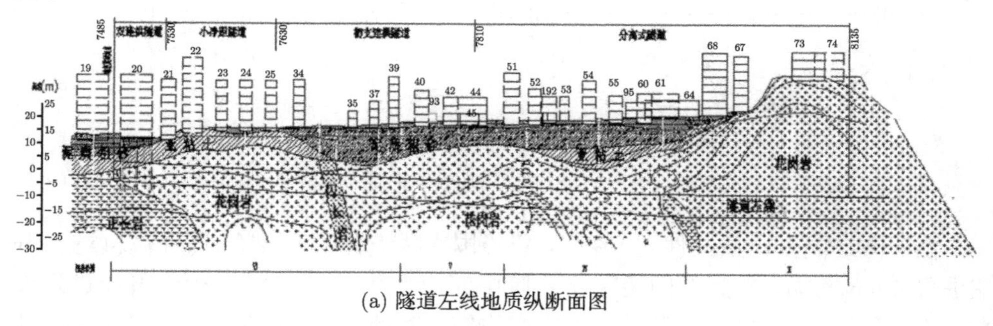

(a) 隧道左线地质纵断面图

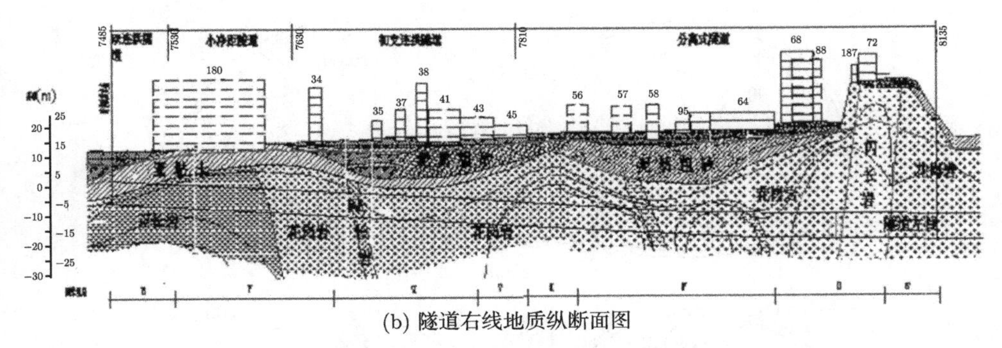

(b) 隧道右线地质纵断面图

图 6-1-4 悟村隧道工程地质纵断面图

隧道沿线地下水埋深 2~4 m，隧道洞身沿线Ⅴ、Ⅵ级围岩占约 50%，为富水全风化花岗岩，在施工中极易出现涌水流沙、坍塌等危险情况。

6.1.3 工程风险源分析

该暗挖隧道工程为超浅埋、大跨度、工艺复杂、工序繁多、地面建筑物保护要求高、危险源高度集中的工程，其工程特点及难点如下：

(1) 隧道沿线地质条件复杂，洞身沿线围岩以松散松软残积亚粘土、砂砾状–碎块状全/强风化正长岩和花岗岩为主，地下水埋深为 2~4 m，地层经开挖暴露遇水很快转化为流砂，开挖难度极大。

(2) 隧道上方建筑物密集，隧道施工 50m 影响范围内有 67 栋楼房，相当一部分建筑物在工程开工前经鉴定为一般损坏房，建筑物本身存在开裂现象，且地下管线纵横交错，工程风险极大。

(3) 暗挖隧道中连拱隧道的开挖跨度约为 34m，埋深仅为 9~27 m，最大覆跨比为 0.7，即使不考虑上部建筑物其难度已经是国内外少有的。

6.1.4 隧道拱顶沉降分析

6.1.4.1 隧道拱顶沉降分布特征

隧道各洞施工中出现的围岩位移最大值分布图如图 6-1-5 所示。

在三导洞法施工区域，左、右侧导洞开挖产生的拱顶沉降值分别为 −51mm 和 −40mm，超过其主洞拱顶沉降值的 2 倍，也远大于中导洞开挖产生的拱顶沉降值 −18mm。由于主洞开挖产生的拱顶沉降值较小，其所占比例不到侧导洞沉降的 1/2，且主洞的沉降值分布较为接近，因此可以考虑将双连拱结构形式用于对沉降控制要求较高的隧道工程。

在 CRD 法施工区域，CRD1、CRD5 等先行洞开挖产生的拱顶沉降值分别为 −155mm 和 −116mm，分别远大于 CRD3、CRD7 等主洞开挖产生的拱顶沉降值。

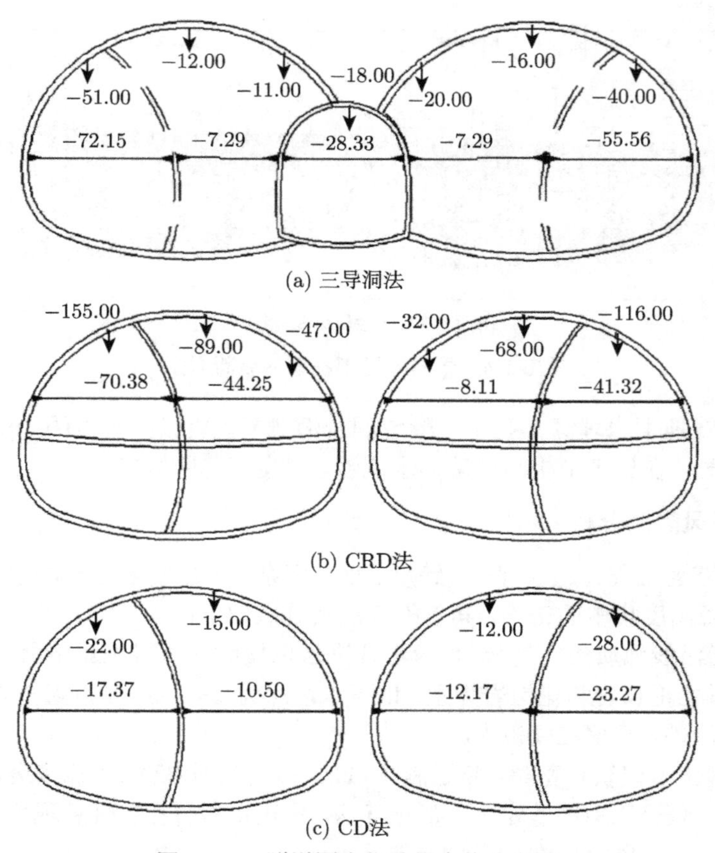

(a) 三导洞法

(b) CRD法

(c) CD法

图 6-1-5　隧道围岩位移最大值分布图

图 6-1-6 为隧道左侧 CRD1，CRD3 洞的拱顶沉降纵向分布图。由图 6-1-6 中可以看出：CRD1 在小净距隧道区域开挖产生的拱顶沉降值为 −60mm 左右，最大值出现在 K7+542 里程，沉降值为 −86mm，初期支护连拱隧道区域开挖产生的拱顶沉降差别较大，最大值出现在 K7+645 里程，沉降值为 −155mm；CRD3 在小净距隧道区域开挖产生的拱顶沉降值在 −60mm 以内，最大值出现在 K7+589 里程，沉降值为 −59mm；初期支护连拱隧道区域开挖产生的拱顶沉降差别较大，最大值出现在 K7+637 里程，沉降值为 −89mm。

图 6-1-6 中，沉降极大值集中在 K7+630~K7+670 里程区域，这与地质条件、上方建筑及现场施工有关。该区域地质条件较差，隧道洞身围岩为结构松散的砂砾状强风化花岗岩，上部地层为全风化花岗岩、亚黏土和泥质粗砂，围岩薄且等级低；上方建筑为 34 楼，为 CRD 法施工沿线正上方最高楼房，荷载相应最大；管棚工作室的范围为 K7+630~K7+640 里程，是在隧道截面正常尺寸外扩 80cm 而成，开挖断面的扩大造成初期支护的施做和封闭成环在时间上有所延迟；这些不利因

素综合起来，造成该区域的拱顶沉降值远大于其他区域。

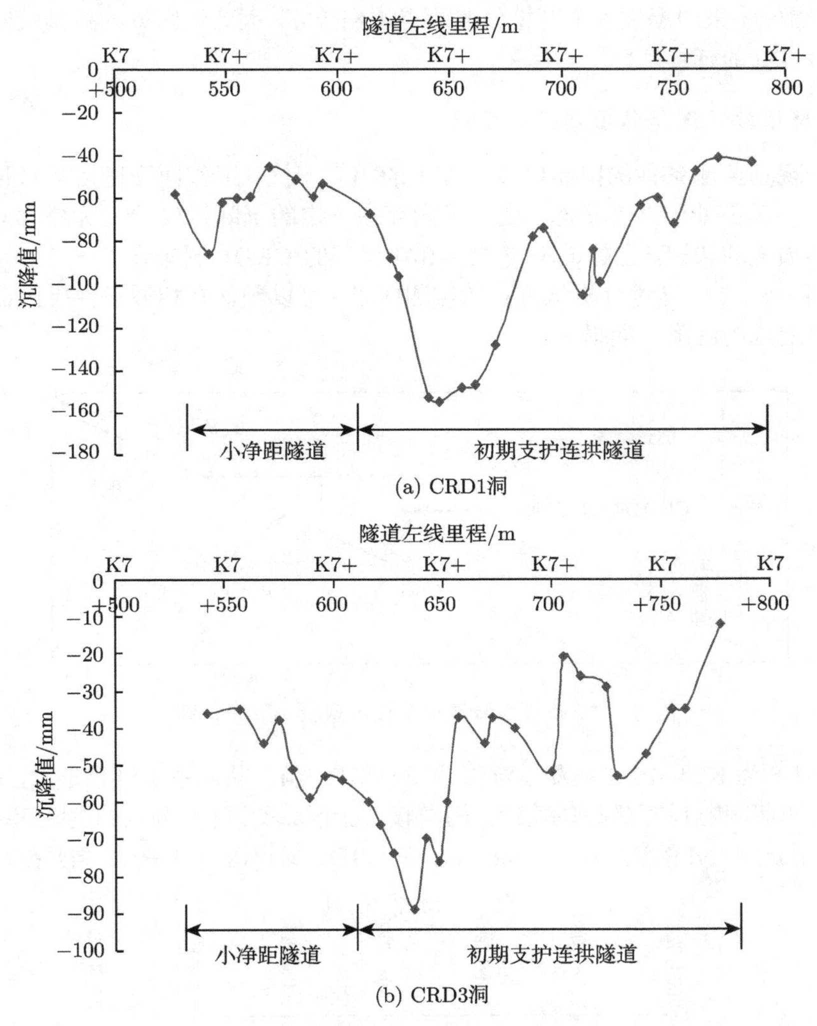

(a) CRD1洞

(b) CRD3洞

图 6-1-6 隧道左侧拱顶沉降纵向分布图

由图 6-1-6 还可以看到：在地面荷载和地质条件相近的情况下，沿隧道纵向存在沉降波动的现象。这主要与现场施工有关：(1) 由于初期支护的施做和封闭成环的时间存在一些快慢的差别，以及受到附近注浆施工的影响，使得沿隧道纵向出现沉降波动的情况；(2) 由于隧道局部区域排水不畅，临时仰拱上部开挖渗水流到下部汇集，而强风化花岗岩遇水极易软化成泥土状，使初期支护钢拱架落脚不稳，从而造成上部区域出现整体沉降。

在采用 CD 法施工的分离式隧道区域，左右先行洞开挖产生的拱顶沉降值分

别为 −22mm 和 −26mm，均大于左右主洞开挖产生的拱顶沉降值。由于隧道身处Ⅳ和Ⅱ级围岩，采用爆破施工开挖使监测点遭到破坏，因此该区域的拱顶沉降监测没能保持良好的延续性。

6.1.4.2　隧道拱顶沉降的前期损失分析

由于现场监测条件的限制以及与施工的相互干扰，工作面开挖后的拱顶下沉量测工作一般都处于滞后状态，现场量测存在一定的沉降损失 [5]。为增强对拱顶沉降前期损失的认识，在隧道左线 K7+670 里程的 CRD1 洞布设了一个拱顶沉降测点 (见图 6-1-7)，通过分析该测点的监测成果，可以预估在相似条件下因监测工作滞后而造成的沉降前期损失。

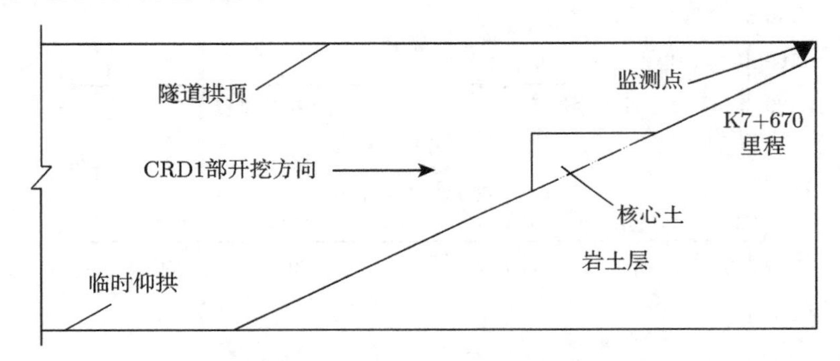

图 6-1-7　拱顶沉降测点布设示意图 (CRD1 洞)

图 6-1-8 为 K7+670 里程测点沉降曲线 (CRD1 洞)，从图中可以看出，在 CRD1 洞通过的初期，测点的沉降速率很大，随着核心土区域的开挖，测点的沉降速率最大值为 −15mm/d，5d 的沉降值为 −48mm；在 CRD2 洞到达时，CRD1 洞开挖产生的

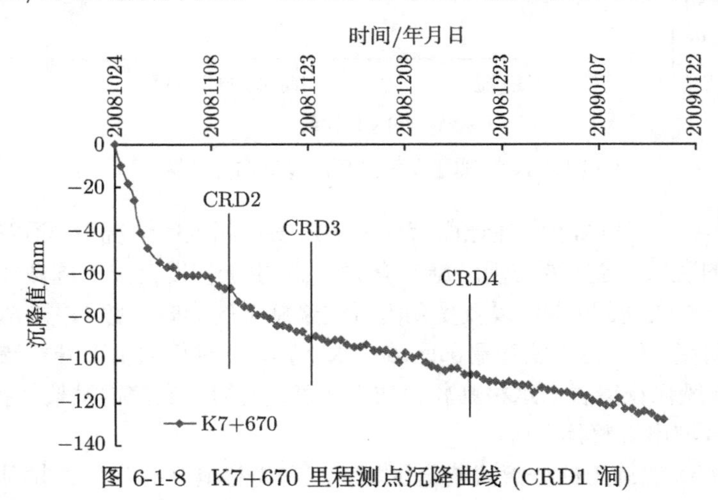

图 6-1-8　K7+670 里程测点沉降曲线 (CRD1 洞)

沉降已经达到 −67mm，超过累计沉降值 −128mm 的 50%。结合拱顶沉降监测分析，若测点布设在核心土开挖之前，拱顶沉降损失约为 7~8 mm/d；若测点布设在核心土开挖之后，拱顶沉降损失最大可以达到 15mm/d，总损失量约占累计沉降值的 37.5%；在初期支护完成至二次初期支护完成期间，拱顶沉降损失约为 2~4 mm/d；二次初期支护完成至其他各洞的临近期间，CRD1 拱顶处于一个缓慢下沉的状态。由此可见，在拱顶沉降监测中由于测点布设滞后造成的沉降损失不容忽视，开挖后应尽早布设测点。

6.1.4.3 施工影响分析

在拱顶沉降监测中，实行以沉降累计值和沉降速率为双向控制标准来指导施工，累计沉降极限定为 −80mm，沉降速率极限值定为 −10 mm/d。但在实际施工中多次出现监测值超过报警值的情况，主要表现如下：

(1) 右洞开挖对左洞的影响

图 6-1-9 为左线 K7+542 里程 CRD1 洞测点沉降-时间曲线，由图中可以看出，在 CRD5 和 CRD3 洞相继通过后，由于核心土的开挖造成左侧上半洞及右侧 CRD5 洞变形场的叠加，测点的沉降速率较大，下沉速率最大值为 −9mm/d，最终累计沉降值为 −87mm。

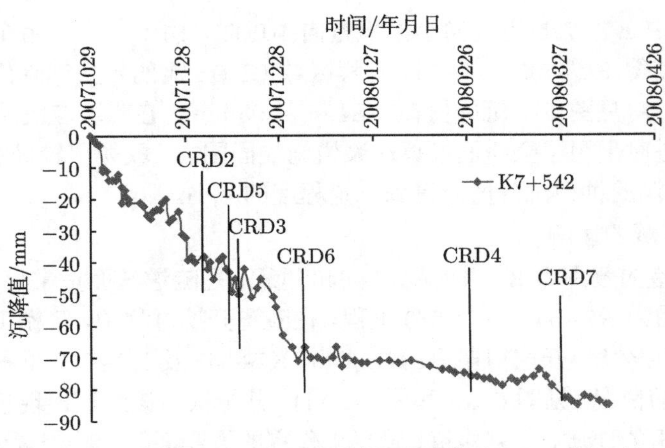

图 6-1-9 K7+542 里程测点沉降曲线 (CRD1 洞)

(2) 洞内注浆的影响

隧道内各洞开挖前均要实施超前小导管预注浆加固掌子面前方围岩，有时过大的注浆压力也会使初期支护变形，同时影响附近各洞已开挖区域的拱顶沉降和围岩收敛变形。若隧道上方楼房出现较大沉降而地面却没能提供足够空间实施注浆抬升，只能在隧道拱顶向上施工 R51 自进式锚杆进行注浆，以此控制楼房下沉。2008

年 12 月 18 日在 K7+709~K7+717 里程区域出现整体下沉，CRD1 洞相关测点的下沉速率在 12~14 mm/d (见图 6-1-10)，结合现场施工情况确认为附近 CRD3 超前小导管预注浆和自进式锚杆抬升注浆共同作用所致。

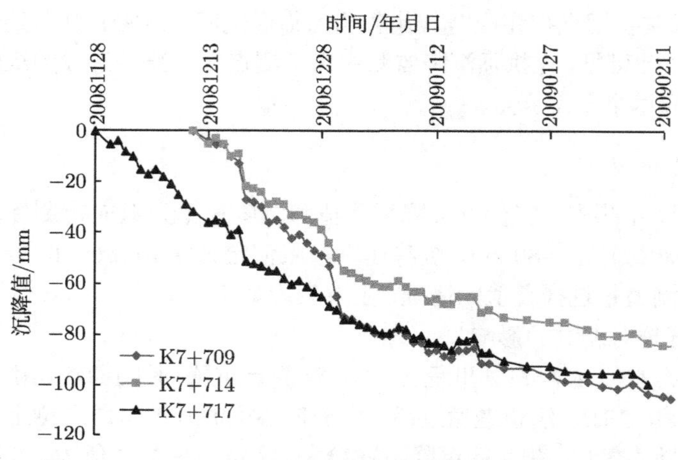

图 6-1-10　K7+709~K7+717 里程沉降曲线 (CRD1 洞)

(3) 全断面帷幕注浆的作用

隧道左洞由 K7+725 里程向小里程方向掘进时，由于没有采用全断面帷幕注浆加固围岩，使得 K7+709~K7+717 里程区域 CRD1 洞的拱顶沉降值明显比两端区域要大的情况 (见图 5)，沉降值在 $-84\sim-105$ mm。在吸取左洞施工经验的基础上，右洞掘进时采用了全断面帷幕注浆措施加固围岩，取得了较好的效果，对应 CRD5，CRD7 洞的拱顶沉降值均得到一定程度的减小。

(4) 管棚区域的影响

管棚工作室的范围为 K7+630~K7+640 里程，是隧道截面正常尺寸外扩 80cm 而成，加固范围为 K7+640~K7+670 里程。在隧道开挖过程中，管棚工作室及其两端的拱顶沉降值较大，开挖初期中，K7+640，K7+645 及 K7+670 里程测点均出现沉降速率过大的情况 (见图 6-1-8 和图 6-1-11)，分析认为该区域出现较大沉降的原因除了前面分析的地质、上方建筑、管棚工作室的大断面等影响因素外，还与管棚自重影响有关，管棚两端由于无牢靠搭接可能出现一定下沉，从而带动管棚整体下沉。

(5) 临时支护的拆除影响

现场就临时支护的拆除对隧道拱顶沉降的影响进行了监测，监测成果表明：由于临时仰拱和中隔壁的拆除，3~8 m 外的 CRD1 和 CRD3 洞测点均有不同程度的下沉，下沉幅度为 2~7 mm，10m 以外的测点几乎不受临时支护拆除影响。

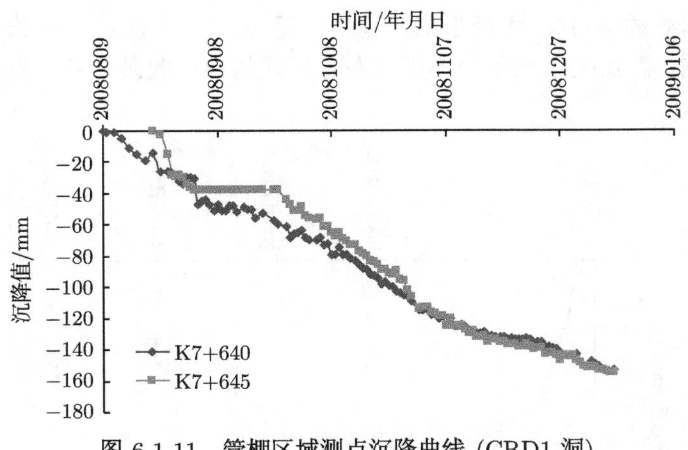

图 6-1-11 管棚区域测点沉降曲线 (CRD1 洞)

6.1.5 隧道收敛分析

6.1.5.1 隧道围岩收敛分布

隧道各洞施工中出现的围岩收敛最大值见图 6-1-5。

在三导洞法施工的双连拱隧道区域，测点收敛值普遍在 −10.00mm 以内，最大收敛值为 −72.15mm，少量测点表现为向外扩张，最大扩张值为 15.93mm。

在采用 CRD 法施工的小净距隧道，较大的收敛值均出现在 CRD1。最大收敛值为 −70.38mm，位于双连拱隧道向小净距隧道结构转换区域的 K7+532 里程；少量测点向外扩张，最大扩张值为 20.21mm。

初期支护连拱隧道区域测点收敛值普遍在 −20.00mm 以内，最大收敛值为 −55.33mm，少量测点表现为向外扩张，最大扩张值为 33.74mm，均位于 CRD1 洞。

分离式隧道区域处于Ⅳ和Ⅱ级围岩中，Ⅱ级围岩段最大收敛值为 −6.55mm；Ⅳ级围岩段测点收敛值普遍在 −10.00mm 以内，最大收敛值为 −23.27mm，也有少量测点表现为向外扩张，最大扩张值为 7.56mm。

6.1.5.2 施工措施的影响

结合隧道施工情况对梧村隧道监测成果进行分析发现，引起隧道结构出现较大收敛变形的施工措施主要是开挖和注浆。从监测成果看，掌子面开挖往往发生结构向内收敛并引起附近其他各部向外扩张；掌子面小导管超前注浆使其他各洞平行区域明显向内收敛，而使其垂直区域明显向外扩张。

图 6-1-12 为三导洞法施工区域左洞 K7+527 里程左导洞收敛 – 时间曲线。从图 11 中可以看出，开挖使结构向内收敛，随着核心土区域的开挖，收敛速率进一步加大，2007 年 10 月 14 日的收敛速率达到 −11.15mm/d，即便是初期支护

施做后，也需要约半 15d 才趋于初步稳定。受 2007 年 11 月 15 日左主洞掌子面注浆的影响，测点在注浆压力作用下发生明显的向内收敛位移，收敛速率达到 −18.82mm/d。

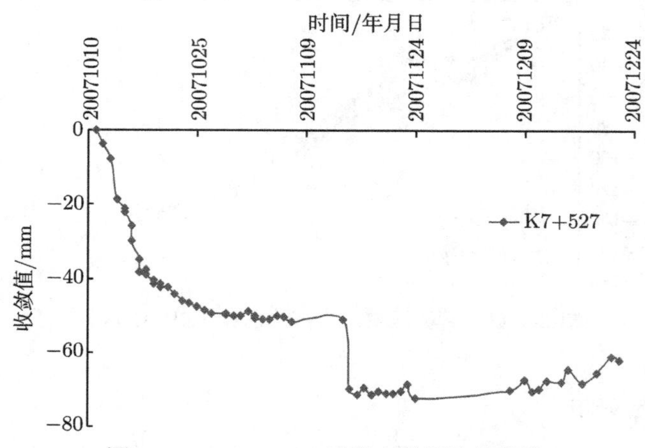

图 6-1-12　K7+527 里程左导洞收敛曲线

图 6-1-13(a) 为 CRD 法施工区域左洞 K7+770 里程 CRD1 洞测点收敛曲线图。从该图中可以看出，开挖使测点向内收敛，随核心土的开挖，收敛速率进一步加大，2008 年 5 月 21 日的收敛速率达到 −8.37mm/d；CRD2 洞小导管预注浆的逐步靠近促使测点向外扩张，而 CRD2 洞掌子面的开挖临近使测点向内收敛；CRD3 洞小导管预注浆的逐步靠近促使测点向内收敛，2008 年 7 月 15 日的收敛速率达到 −10.01mm/d；CRD3 洞的开挖通过使 CRD1 洞测点开始呈现向外扩张的状态，最大收敛速率达到 9.40mm/d；CRD4 洞的到来以及临时支护的拆除让 7770 里程收敛测点继续呈现向外扩张的状态。

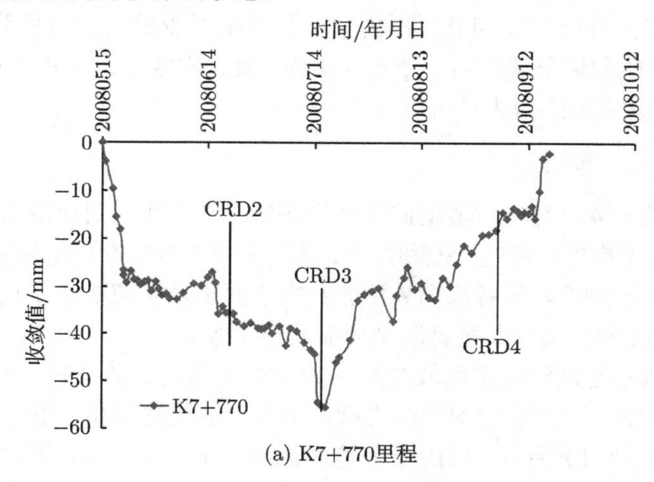

(a) K7+770里程

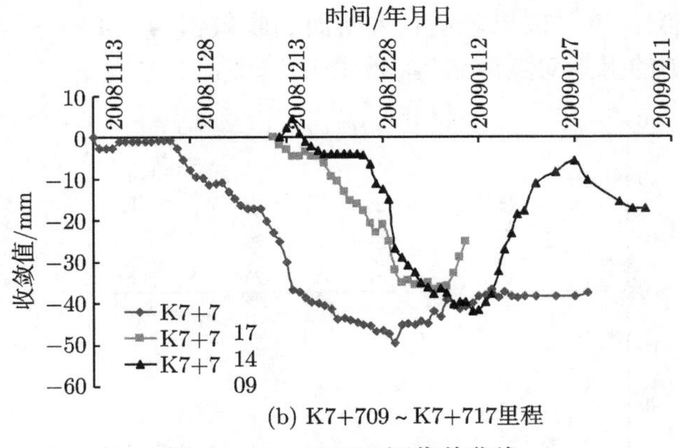

(b) K7+709 ~ K7+717里程

图 6-1-13 CRD1 洞收敛曲线

就 K7+770 里程 CRD1 测点出现数次收敛速率过大的情况，分析认为还与不良地质条件有关。该区域为Ⅱ级围岩与Ⅴ级围岩交界处，拱架连接受围岩软硬交界面影响，不能及时按设计长度架立，而等待坚硬岩石爆破耗时较长，加上未能及时封闭开挖面，导致该处数次出现围岩收敛速率偏大的情况。

在隧道左洞没有采用全断面帷幕注浆加固围岩的 K7+709~K7+717 里程区域，CRD1 洞的围岩收敛值明显较大，K7+717 里程出现的最大收敛值为 −49.67mm (见图 6-1-13(b))。图 6-1-14 为右洞采用全断面帷幕注浆加固围岩的 K7+708~K7+722 里程区域 CRD5 洞收敛历时曲线，出现的最大收敛值为 −40.09mm。由此可见全断面帷幕注浆对围岩收敛控制有一定作用，但效果不是很明显。

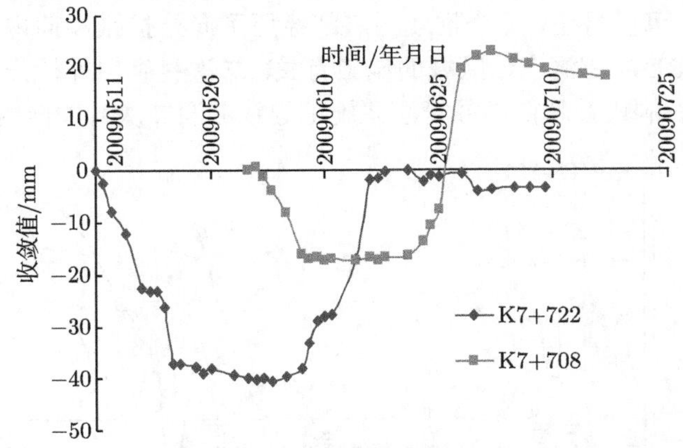

图 6-1-14 K7+708~K7+722 里程区域 CRD5 洞收敛历时曲线

6.1.5.3 收敛断面扩大的监测分析

随着临时支护的拆除，在 K7+599~K7+607 里程进行了由小断面转化为大断面的隧道收敛监测。监测成果表明，大断面的收敛值为 $-4.55 \sim 5.95$ mm (见图 6-1-15)，临时支护的拆除对隧道结构收敛影响较小。

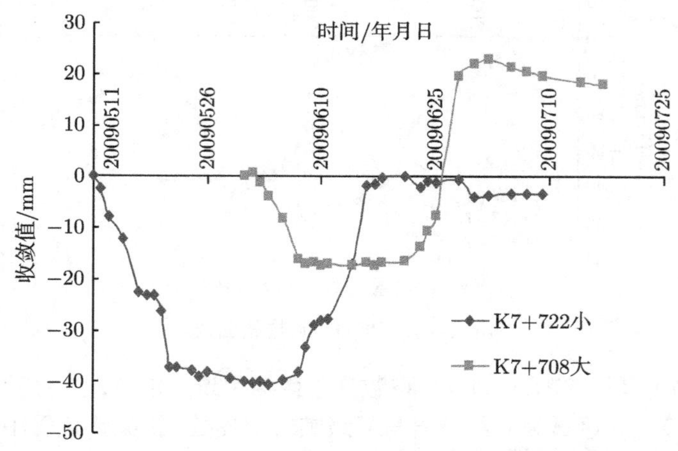

图 6-1-15　K7+607 里程小断面转为大断面的收敛 – 时间曲线

6.1.5.4　右洞施工对左洞二衬的影响

39# 楼是一栋六层框架结构楼房，属于 CRD 法施工沿线正上方最高楼房，在下方隧道左洞二次衬砌已经完成而右洞施工尚未到达的情况下，有必要研究右洞施工通过对左洞二衬收敛的影响，因此在 39# 楼前后左洞 K7+730~K7+760 里程布设了 4 个二次衬砌收敛测点。

从图 6-1-16 可以看出，4 个收敛测点都经历了向外扩张和向内收敛的反复过程，这与右侧 CRD7，8 洞在该区域的施工有关。二次衬砌向外扩张是由于右洞开挖卸荷引起，而右洞进行超前小导管注浆施工导致左洞二次衬砌向内收敛。从监测

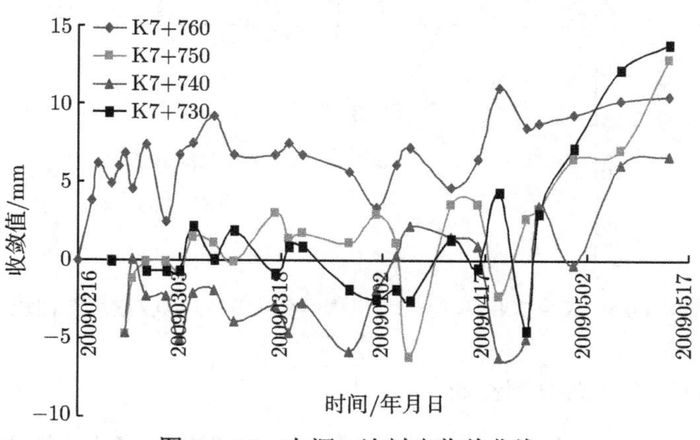

图 6-1-16　左洞二次衬砌收敛曲线

成果来看，二次衬砌最终处于向外扩张状态，最终测值范围为 6.67~13.85 mm，表明右洞施工对左洞二次衬砌的稳定有一定的影响，这就要求右洞施工尽早设置临时仰拱，使支护结构封闭成环。

6.2 基坑工程监测

6.2.1 工程概况

厦门市成功大道梧村隧道为双向六车道特长隧道，其中 ZK6+285~ZK7+485 段采用明挖法施工，最大开挖深度约 28m，最宽处约 48m。深基坑沿线分布有少量军用、铁路、水利、民用等设施。

深基坑工程沿线穿过丘陵、丘间谷地、残坡积台地及冲洪积阶地等多种地貌单元 [1]。场区较高处风化基岩裸露；较平缓段，局部有 5~7 m 厚人工素填土或残积亚粘土，其下即为基岩风化带。岩体以花岗岩为主，其内穿插风化相对严重、宽度 3~5 m 的闪长岩脉，闪长岩脉走向多为北东向。隧道底板以上以全 ~ 强风化岩体为主，侧壁多属松软岩体。局部夹较多弱 ~ 微风化残余体，为 f3 断裂带通过地段。2005 年 10~11 月勘察期间的地下水位埋深多为 5~10 m。典型工程地质纵断面图见图 6-2-1。该区域主要土层物理力学参数见表 6-2-1。

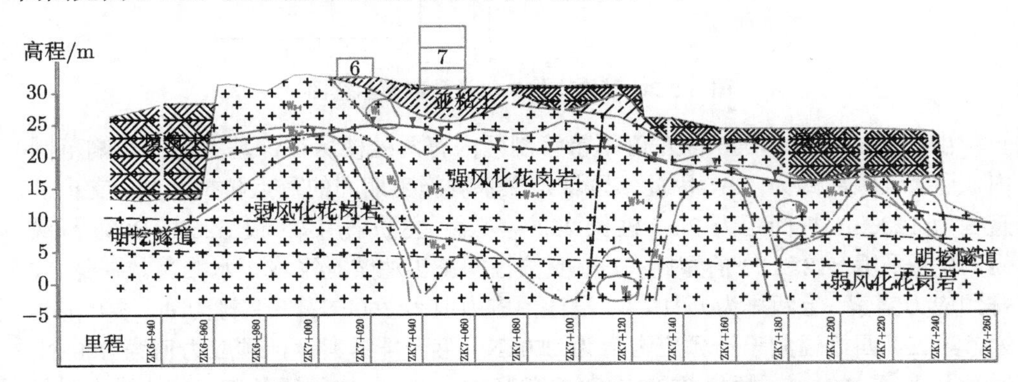

图 6-2-1 基坑左线 ZK6+940~ZK7+260 里程工程地质纵断面图

表 6-2-1 土层物理力学参数表

介质材料	容重/(kN·m^{-3})	压缩模量/MPa	动泊松比	黏聚力 c/kPa	摩擦角/(°)
亚黏土	19.0	5	0.48	15	20
全风化花岗岩	20.0	5.5	0.48	15	25
强风化花岗岩	20.0	6.5	0.48	10	28

本基坑工程开挖中，填筑土和残积亚粘土层采用挖掘机开挖，岩层采用钻爆法开挖。根据工程规模和地质条件，基坑支护设计分段进行，具体如下：

(1) ZK6+900 以北深基坑支护以放坡和集水明排为主，局部地段设隔水帷幕及支护开挖。

(2) ZK7+003 以南少数地段具备放坡开挖条件，多数地段多采用肋柱式桩锚支护体系。

(3) ZK7+003～148 段最大开挖深度达 28m，深基坑施工采用锚索桩的支护结构 (图 6-2-2)。

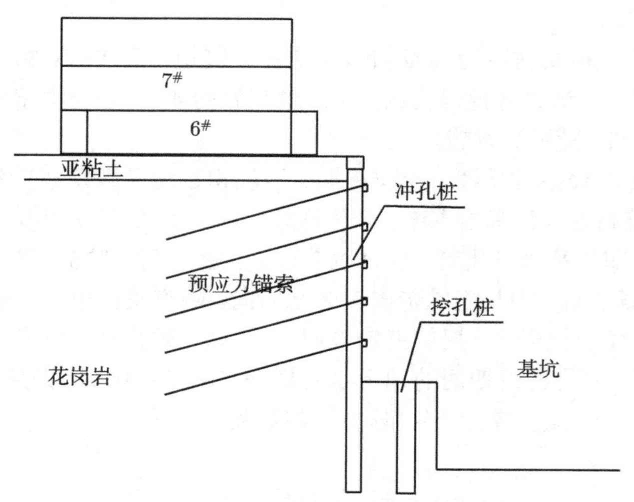

图 6-2-2　基坑支护结构设计剖面示意图

由于 ZK7+003～090 段左侧军事管制区内有两处楼房在深基坑施工影响范围内，且最近距离约为 3m，因此该区域是深基坑施工期间的重点防护区域。支护桩直径为 120cm，桩间距为 2m，桩长 25.5～44 m；主筋采用 32 根 ϕ25HRB335 螺纹钢，箍筋采用 ϕ12@150 的螺旋箍筋；支护桩间施工注浆孔形成止水帷幕。共设置 5 排预应力锚索，上两排为 Φ^S15–6，设计预应力值为 350kN；下 3 排为 Φ^S15–8 的锚索，第三、四排锚索设计预应力值为 250kN，第五排锚索设计预应力值为 300kN；锚索孔直径 150mm，倾角 20°，锚索长度为 31～50 m，锚固段长度 20m；锚索材料为高强低松弛预应力钢绞线，钢绞线强度 $f_{pk} = 1860$MPa，注浆材料为掺入膨胀剂的 M30 水泥砂浆，锚索竖向间距为 3m。

(4) ZK7+423～ 485 段，采用咬合桩及水平钢筋混凝土支撑进行支护。支护桩直径为 120cm，桩间距为 2m，最大桩长约 22m；主筋采用 32 根 ϕ25HRB335 螺纹钢，箍筋采用 ϕ12@150 的螺旋箍筋。

6.2.2　监测内容

本深基坑施工的保护对象主要有：(1) 自身结构安全；(2) 附近三座高压铁

塔；(3) 周边建筑物。

针对上述施工重点，在编制监测方案时，依据国家、行业技术标准 [2−7] 及工程经验 [8,9]，设计了建筑物沉降、基坑顶部水平位移、支护桩 (土体) 深部位移、基坑顶部沉降、铁塔倾斜、地下水位、锚索轴力以及爆破振动等监测项目，对施工期间基坑支护结构自身和周边环境进行全面的监测。

基坑监测主要测点布置见图 6-2-3。

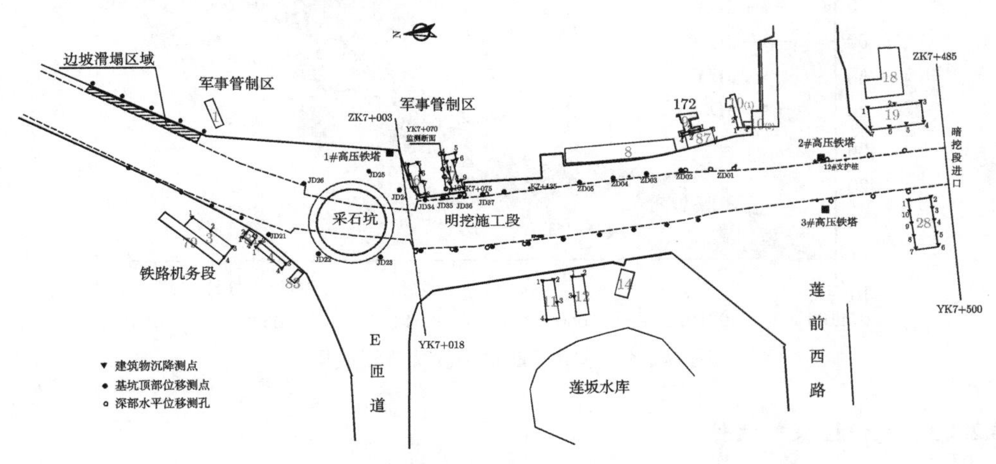

图 6-2-3 基坑监测点平面布置图

6.2.3 支护结构监测

6.2.3.1 基坑顶部水平位移

较大的基坑顶部位移监测值出现在 ZK7 +003~090 区域，该区域朝基坑方向的累计位移均在 50mm 以上 (图 6-2-4)，超过 30mm 的基坑顶部水平位移控制标准。截至 2008 年 7 月 5 日，最大累计位移出现在 JD36 测点，测值为 86.1mm。由于该区域深基坑开挖实行分区跳仓施工，因此 JD35 至 JD38 测点的阶段性位移值有一定差别，但是位移总量是比较接近的。

结合以上图表可以看出，在 ZK7+003~090 区域的基坑顶部水平位移分布中，水平位移监测点表现出较好的规律性：最大位移值出现在中部的 JD36 测点，两端测点的位移值随距离的增大而减小。结合地质情况分析发现，该区域地层由填筑土、坡残积亚粘土和花岗岩组成，物理力学性质较差的填筑土和坡残积亚粘土在 JD36 和 JD37 测点之间的厚度达 6m，这两种地层的厚度向两端逐渐减小，地质条件的差异在基坑开挖后形成了 “中部大，两头小” 的水平位移分布规律。此外，由于基坑边缘外 8m 处有一幢 3 层楼房 7# 楼) 存在，该楼房荷载的影响使得与之最近的 JD36 测点出现最大位移值。

在基坑其余区域的顶部水平位移监测中，测点累计位移普遍在 20mm 以内，监测点处于安全状态。

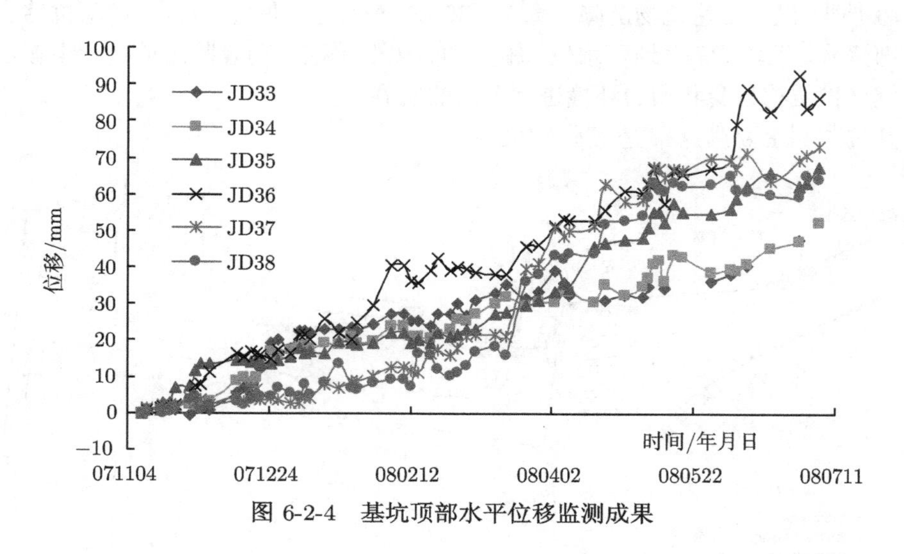

图 6-2-4　基坑顶部水平位移监测成果

6.2.3.2　支护桩深部位移

从基坑沿线支护桩监测成果来看，支护桩水平位移的大小主要与基坑开挖深度和地质条件相关。

ZK7+003∼090 区域的最大开挖深度为 28m，该区域出现的支护桩位移监测值普遍较大：ZK7+055 支护桩出现较大的水平位移，该支护桩内埋设的 PVC 管受支护桩位移挤压出现弯曲，使得测斜仪无法进入测试。

在工程地质条件与之相似的铁路机务段区域，由于基坑的最大开挖深度仅为 12m，该区域的支护桩位移监测值普遍不大，最大水平位移值为 15.37mm。

6.2.3.3　锚索轴力

由于 ZK7+003∼090 区域开挖深度大，且基坑边缘外 3m 处就有建筑物存在，在基坑支护设计中设置了 5 排锚索。随着基坑的下挖，位于第三排的 ZK7+035 测点锚索轴力总体呈现增大的趋势 (图 6-2-5)。

从图 6-2-5 可以看到，在 2008 年 2 月初，锚索轴力有一个明显的下降，分析认为与下方锚索施工有关，锚索钻孔施工造成地层应力释放，从而使 ZK7+035 测点锚索轴力有所下降。随基坑的进一步下挖，边坡有向基坑内位移的趋势，迫使基坑支护结构的水平位移逐渐增大，同时锚索轴力表现为逐渐增大，两者的变化趋势是一致的。

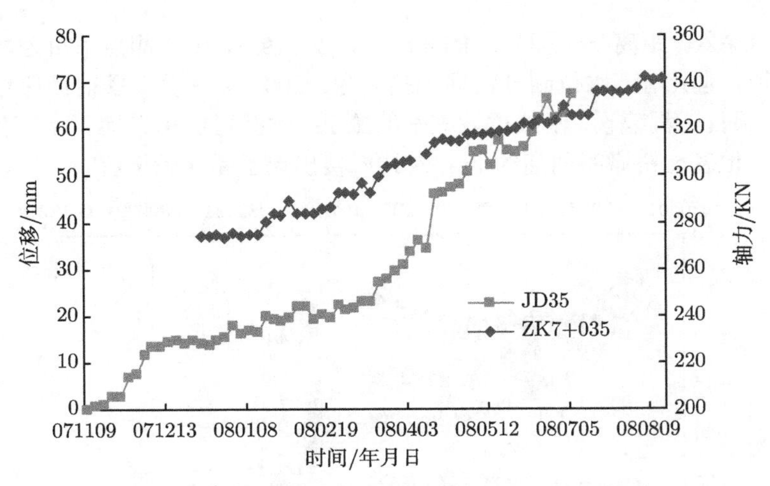

图 6-2-5 锚索轴力与基坑顶部位移历时曲线

6.2.4 基坑施工对周边环境的影响

6.2.4.1 建筑物沉降

在备受关注的 ZK7+003~090 区域，施工期间 6# 和 7# 楼出现的沉降值较大，主要集中在基坑边缘区域：6# 楼沉降最大值出现在 6-8 测点，测值为 −16.1mm；7# 楼有 5 个测点沉降值超过 20mm，最大沉降值出现在 7-10 测点，测值为 −26.7mm。

该区域出现的建筑物沉降最大值未达到 −30mm 的建筑物沉降控制标准。测点间的不均匀沉降最大值出现在出现在 7-2 和 7-11 测点之间，不均匀沉降累计值为 0.73 ‰，远小于 2 ‰的建筑物不均匀沉降控制标准。

对于 7# 楼的下沉普遍比 6# 楼大的现象，分析认为原因有二：(1) 7# 楼区域的填筑土和坡残积亚粘土厚度相对较大，在深基坑开挖过程中，地下水的长期流失使地层产生的固结沉降相对较大；(2) 7# 楼为 3 层砌体建筑物，作用在地基上的荷载比仅有 1 层的 6# 楼大。

在莲前西路到与隧道暗挖接口区域，由于填筑土和坡残积亚粘土厚度较大 (6~10 m)，基坑开挖造成的建筑物沉降值大：19# 楼沉降最大值出现在 19~4 测点，测值为 −32.8mm，超过了 −30mm 的建筑物沉降控制标准。28# 楼沉降最大值出现在 28-2 测点，测值为 −27.6mm。

图 6-2-6 为 19# 楼沉降测点历时曲线图。从图中可以看出，随着基坑的开挖，19# 楼经历了一年时间的沉降变形期才趋于稳定状态。结合现场施工情况进行分析发现，19# 楼的下沉与附近区域的各阶段施工有关，各阶段施工导致地下水流失引起地层固结，从而使该楼下沉。2007 年 4 月深基坑开始下挖，19# 楼开始出现下沉；6 月随着暗挖隧道的开挖，该楼沉降测点出现加速下沉的现象；随着暗挖

隧道施工的深入，距离掌子面较远的 19-1、19-2、19-6、19-7 测点下沉速率非常缓慢，甚至由于地层地下水位回升出现上抬现象。2008 年 3 月，莲前西路进行轨道交通 BRT 项目工程建设，沿线桥墩桩基的施工，钻孔可能引发地下水流失，而导致 20m 外、地基比桥墩路面高约 3m 的 19# 楼出现了新一轮下沉。

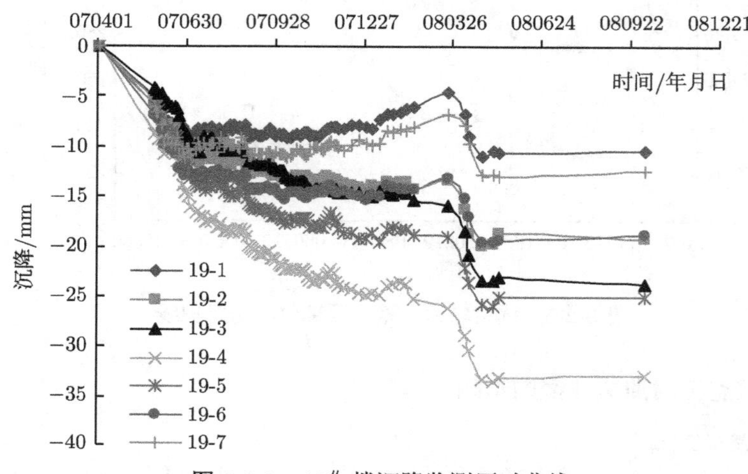

图 6-2-6　19# 楼沉降监测历时曲线

6.2.4.2　锚索张拉的影响

在 7# 楼附近沿锚索长度方向依次增设了 4 个土体测斜孔 YK7+070–1～YK7+070–4，用于研究锚索张拉对基坑横向地层深部的影响程度。经过 6 个多月的监测，YK+070 断面这 4 个监测孔的深部水平位移值都不大，最大位移值出现在 YK+070–2 测孔，位移值为 13.05mm，位于地面以下 0.5m 处。位于锚索长度方向以外的 YK+070–3YK+070–4 监测孔的水平位移非常小，监测孔最大位移值不超过 3mm。由此可见，锚索张拉对地层深部的影响较小，对附近建筑物的安全使用没有不良影响。

YK7+075 测孔在 2008 年 4 月以前该测孔的测值变化不大，5 月以后该测孔的位移速率有所加快，截至 7 月 5 日，该测孔累计位移最大值为 60.05mm，位于孔口处 (图 6-2-7)。

从图 6-2-7 可以看出锚索张拉对地层的影响，由于锚索的存在，地层深部位移出现类似简支梁受力的位移曲线分布。

从图 6-2-7 还可以看出第 ⑤ 道锚索以下地层出现较大位移，第 ⑤ 道锚索以下 5.5m 范围内的位移值都超过 30mm，极大值处出现在孔口下 17m 处，位移为 44.56mm。结合图 1 进行分析认为：第 ⑤ 道锚索以下地层出现较大位移是由人工挖孔桩的施工引起的：爆破施工挖孔弱化了岩体物理力学参数，挖孔桩形成新临空面使地层应力释放出现位移。

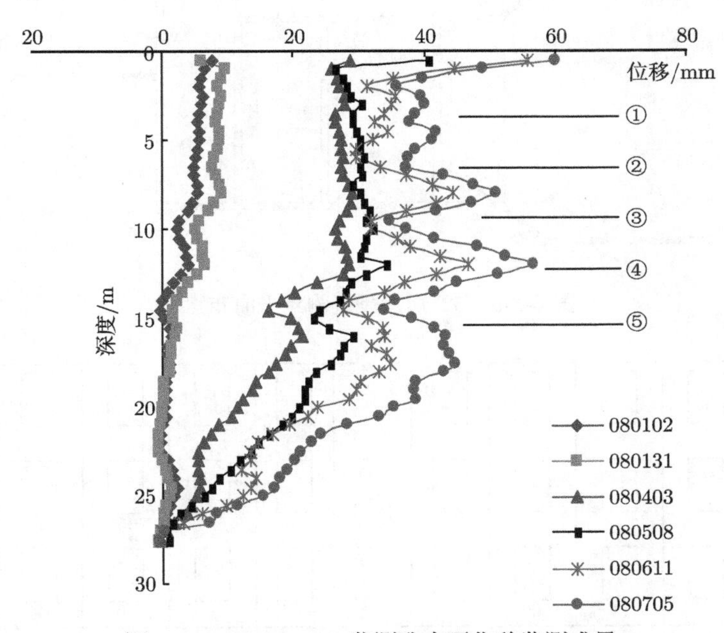

图 6-2-7 YK7+075 监测孔水平位移监测成果

6.2.4.3 爆破开挖对建筑物的振动影响

2007 年 11 月中旬，6# 房屋墙体出现明显裂缝，在和军事管制区办理相关手续后，随即对该楼及周边环境进行调查。

通常砌体结构产生裂缝有如下原因：(1) 地基不均匀沉降；(2) 温差；(3) 地基边坡破坏；(4) 动荷载。

分析 6# 房屋出现裂缝的原因时，工程指挥部还有另外一种意见：因为所有的锚索长度都是相同的，锚索张拉后有可能在锚固端头处的地层 (6# 房屋长边方向的中部) 形成一个垂直向破裂面，从而造成房屋地基破坏。

6# 房屋附近基坑施工情况大致为：开挖深度为 8~9 m，第 1 排锚索已经张拉，第 3 排锚索尚未张拉，第 2 排锚索正在钻孔。

根据对 6#、7# 房屋的现状调查情况，在这 2 处房屋布设了裂缝测点，其分布见图 6-2-8 及图 6-2-9。其中 6# 房屋的 2 条裂缝 (分别对应测点 01 和 05) 已贯穿整个墙体 (图 6-2-10，图 6-2-11)，其初始宽度分别达到 3.42mm 和 4.40mm，6# 房屋已经进入危险房屋之列。而 7# 房屋没有明显的裂缝出现，均属于微缝。

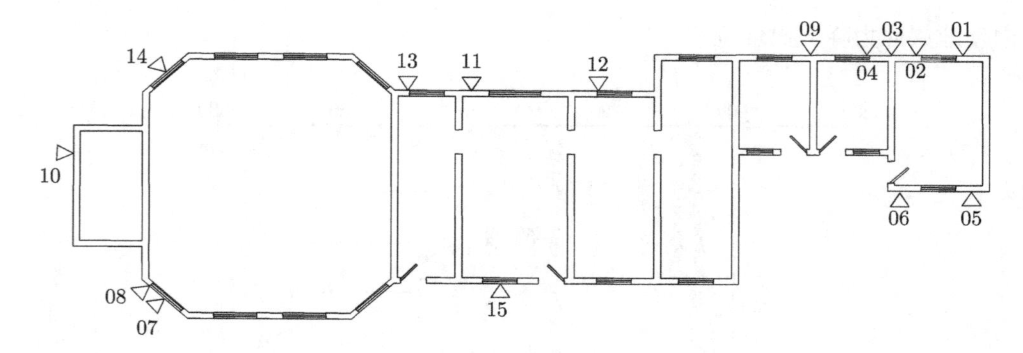

图 6-2-8　6# 房屋裂缝测点平面布置

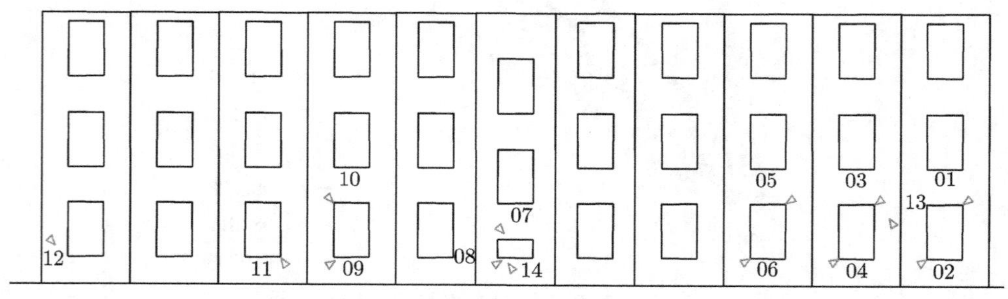

图 6-2-9　7# 房屋裂缝测点立面布置图

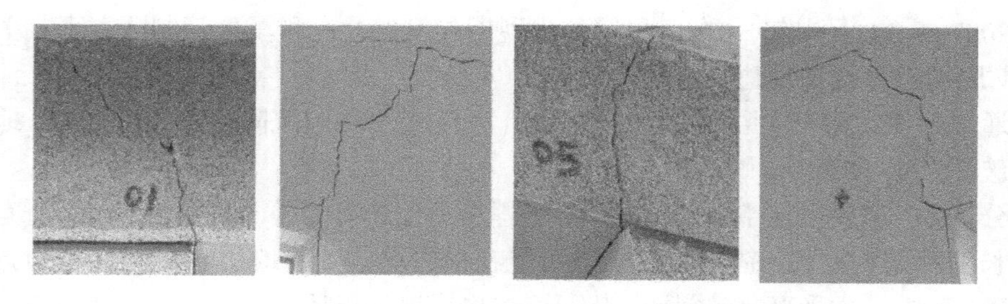

图 6-2-10　6# 房屋裂缝测点室内外照片

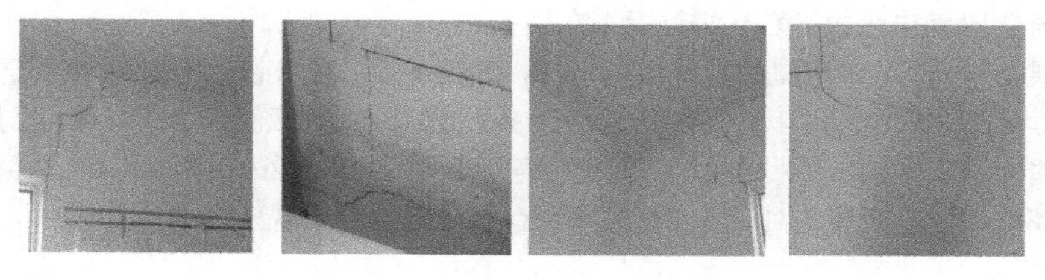

图 6-2-11　6# 房屋裂缝室内照片

由于 $6^{\#}$ 房屋已出现明显的裂缝，编制监测方案时，在监测项目的选择和测点布置上要能检验裂缝产生的可能因素，还要考虑基坑下一步施工对更为重要的 $7^{\#}$ 房屋产生的影响，力求避免 $7^{\#}$ 房屋也出现过大的裂缝。这 2 处房屋附近基坑边缘原有 6 个地表沉降与水平位移测点和 1 个土体测斜孔 YK7+ 075，在 $6^{\#}$ 房屋出现明显裂缝后，在 2 栋房屋增设了房屋沉降测点和水平位移测点，在 $7^{\#}$ 房屋附近沿锚索长度方向增设了 4 个土体测斜孔 YK7+070–1～YK7+070–4，还在 2 处房屋靠近基坑处和明显裂缝处布置爆破振动测点，详见图 6-2-12。

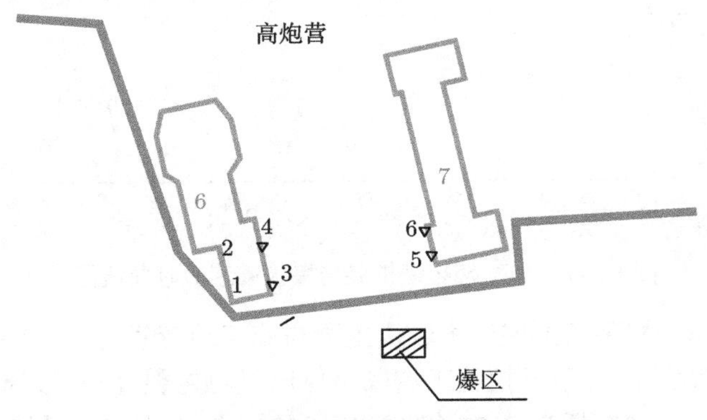

图 6-2-12 高炮营区域爆破振动测点布置示意图

从该区域爆破振动监测统计数据可以看出，在所有超过 2cm/s 的最大极限值的爆破振动实测值中，$6^{\#}$、$7^{\#}$ 楼测点占了绝大部分。结合施工现场情况看，明挖深基坑边上的 $6^{\#}$、$7^{\#}$ 楼距离爆破源最近，且受到爆破施工影响时间长达半年，因此受到的影响较大。

2007 年 5 月 15 日转盘处爆破开挖时，对 $6^{\#}$ 楼进行了爆破振动测试，该次监测水平、垂直最大振速分别为 0.93cm/s，0.76cm/s，该日在 $6^{\#}$ 楼没有发现较为明显的裂缝。2007 年 11 月中旬，由于 $6^{\#}$ 楼墙体出现明显裂缝，自 12 月 9 日起在 M1 段基坑对 $6^{\#}$，$7^{\#}$ 楼进行爆破振动监测，其中 12 月 11 日 $6^{\#}$ 楼水平及垂直振速最大测值分别为 3.60cm/s 和 3.33cm/s。在该区域的爆破振动监测中，多次出现水平振速大于垂直振速的情况，(见图 6-2-13)，测点的振动主频大都为 9~60 Hz，而大多数 1~2 层结构的民用建筑物的固有频率为 4~12 Hz，这表明当时爆破施工对 $6^{\#}$ 楼可能会形成共振。鉴于 $6^{\#}$ 楼出现明显裂缝，且 2007 年 12 月 6~7 日，6-1 和 6-5 裂缝测点宽度在 6 日、7 日的扩展速率分别达到 0.90mm/d 和 1.80mm/d，均超过控制标准极限值 (0.80mm/d)，累计扩展宽度为 3.40mm 和 3.26mm，指挥部决定将该区域爆破开挖中产生的振动速度值控制为 0.5cm/s。

对 $6^{\#}$ 楼裂缝和爆破震动监测成果的分析发现：(1) 当爆破振速控制在 1.5cm/s 内时，当天没有看到新裂缝出现，已有裂缝宽度几乎没有变化；(2) 在环境温差很小时，若连续几天爆破振速超过 1.0cm/s，裂缝会有持续扩展现象，这是最大动荷载和重复循环加载效应联合作用引起的。

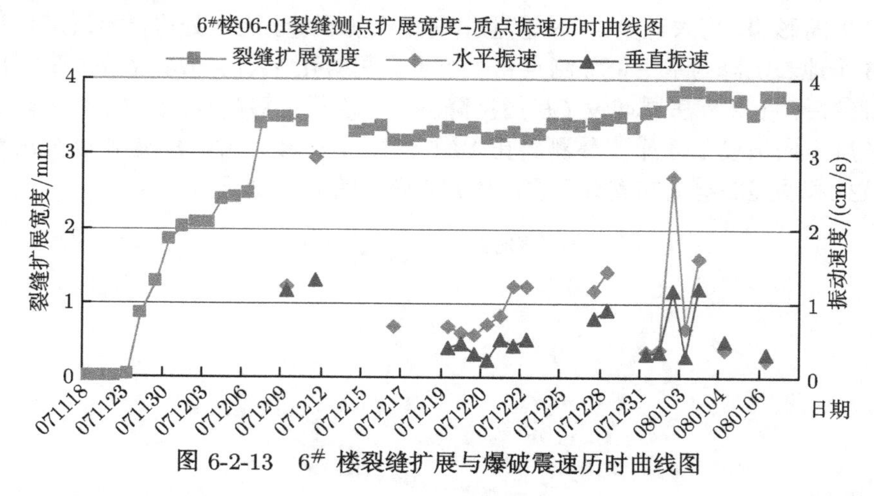

图 6-2-13　6# 楼裂缝扩展与爆破震速历时曲线图

分析认为：6# 楼裂缝扩展速率较快主要与施工动荷载有关，冲孔桩施工使房屋墙体力学性能弱化，爆破开挖施工造成墙体出现明显裂缝并持续扩展。

值得庆幸的是，6# 楼在 2007 年 11 月 ~2008 年 1 月出现数次裂缝出现较大变化的情况引起工程参建各方的重视，对 7# 楼附近区域的爆破作业提出严格的振速控制要求，采取有效措施优化爆破施工设计方案，防止再次出现过大的振动速度测值，并对已有锚索施工设计进行加强和优化。

由于建筑物地基均直接坐落在风化岩层基础上，且距离爆破源很近，建筑物爆破振动速度控制不容乐观。在 7# 楼质点爆破振速实测值中，仍然有两次爆破作业出现 5 个超过 2cm/s 的测值，最大振速值出现在 2008 年 4 月 09 日上午，水平方向及垂直方向最大值分别达到 3.2cm/s 和 2.4cm/s (见图 6-2-14)。

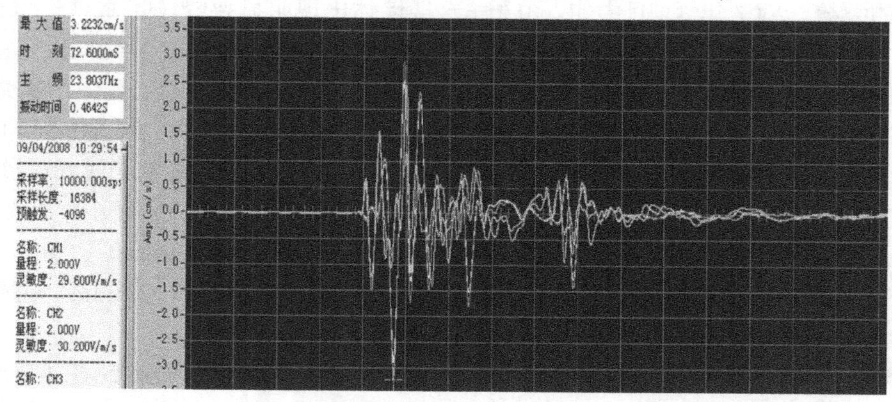

图 6-2-14　7# 楼爆破振动波形图 (20080409-10:29)(详见书后彩图)

随着基坑的进一步下挖，以及爆破源在水平距离的远离，4 月 14 日之后，对 7# 楼进行了 10 多次的爆破振动监测，取得超过 100 个的质点爆破振动测值，仅有 7 个测值超过 1cm/s，最大值为 1.22cm/s，裂缝测点也趋于稳定状态。

6.2.5 支护结构位移过大的分析

在基坑施工期间，支护结构出现较大的位移，表现为：(1) 基坑顶部位移过大。ZK7+003~090 区域区域朝基坑方向的累计位移均在 50mm 以上，其中 JD36 测点出现的最大位移值约 93mm，该测点在基坑回填后的稳定位移值为 86.1mm，远大于 (GB50497—2009)《建筑基坑工程监测技术规范》关于一级基坑灌注桩顶部位移的报警值 25~30 mm。(2) ZK7+055 支护桩出现较大的水平位移，该支护桩内埋设的 PVC 管受支护桩位移挤压出现弯曲，使得测斜仪探头无法进入监测管进行测试。

根据基坑支护设计校核结果，该区域出现的基坑顶部水平位移最大值为 29mm，远小于现场实测值，是什么原因造成设计值与实测值相差如此之大？

结合现场实际情况分析认为，监测值偏大的原因可能在于设计参数值的选取有不当之处。由于该区域基坑开挖主要以钻爆法施工为主，开挖周期长达 8 个月，在爆破动荷载的反复作用下，会引起边坡地层材料力学参数的弱化，从而削弱灌注桩及锚索的支护作用。

在爆破动荷载的作用下，支护结构设计中受影响而弱化的参数主要有地层的黏聚力和内摩擦角、支护桩的岩土摩阻力、锚索锚固体与岩土体的粘结强度等，前者决定桩墙的主动土压力和被动土压力，而后两者直接影响锚固设计参数。

国内涉及爆破开挖扰动效应和边坡位移反分析的研究较多，但若本基坑进行位移反分析，针对至少 4 个参数组合的反分析工作量太大，况且由工程地质剖面图 (图 6-2-1) 可以看出该区域地质岩性起伏较大，再考虑到施工现场是否及时支护的不确定性，因此对本基坑进行位移反分析的效果不容乐观。

基于以上问题，在勘察设计阶段若能进行物理模拟试验，获取位移、压力等测试信息，通过分析比较，将为支护设计参数的恰当选取提供依据。

6.3 安全风险管理

6.3.1 安全风险管理的总体思路

针对建筑物不均匀沉降和变形破坏的风险，建立了包含业主、第三方监测、设计、监理和施工单位参加的安全管理指挥部。此外，业主对外聘请人员成立了一个风险评估小组，根据设计文件、现场施工情况及安全监测成果对隧道施工过程进行安全风险评估。安全风险管理的总体思路如下：

① 采用数值模拟方法，对施工开挖、支护进行精细化模拟，得出关键施工步序的变形量；结合类似工程经验和规范，制定建筑物安全监测的控制标准，以指导监测和施工。

② 开展全面的监测，掌握隧道施工过程中建筑物、管线、地面以及地层、隧道围岩和支护结构的动态变化；对关键的建筑物实施 24h 自动化监测。

③ 建立了先进的安全管理网络传输系统，包括监测信息管理、预测预报系统和 LED 显示屏信息发布系统，将所有监测信息和施工动态存储入数据库服务器中，供联网的计算机检索查询。

④ 以第三方监测单位为主，建立报警及监测工作 3 级管理措施，并及时将报警信息及工程近况以文字和图形方式发布在 LED 显示屏上，供参建各方知晓。

6.3.2　监测工作 3 级管理制度

为确保隧道施工和周边环境的安全，建立监测工作 3 级管理制度和预警措施 (表 6-3-1)，如发现监测资料异常达到报警程度时，立即复测，并检查监测仪器、方法及计算过程，确认无误后，根据所处的施工步序判断监测值达到哪一级报警状态，及时以电话、短信或者传真向参建各方报警，同时通过监测信息管理系统和 LED 显示屏发布，并在 24h 内向工程参建各方提交书面报告。

表 6-3-1　监测工作 3 级管理表

管理等级	监测值	施工状态
1	$U_0 \geqslant 0.6U_n$	口头报警，可正常监测
2	$U_0 \geqslant 0.8U_n$	书面报警，并加强监测
3	$U_0 \geqslant 1U_n$	停工，启动紧急预案，采取加强支护等措施

注：U_0 为实测值；U_n 为监测极限值

对实测值超过 2 级管理的测点进行加密监测，保证 12h 监测 1 次；对实测值超过 3 级的测点，实施停工并启动紧急预案，实行 24h 动态监控，严密监测其发展过程，预测其变化趋势，及时反馈监测成果给工程参建各方，对其发生、发展的原因进行分析并提出处理建议。

6.3.3　安全管理的程序

安全管理指挥部负责督促并审核各参建单位制定各自的应对突发事件的应急处理措施。日常工作由风险评估小组和第三方监测负责，二者根据监测工作 3 级管理制度审查第三方监测资料，并决定是否启动紧急预案。

第三方监测的应急处理预案如下：

(1) 接到由其他单位发来的紧急情况报警信息后，上报第三方监测项目经理部 (或者监测内业人员若发现监测值超标，经核实后上报第三方监测项目经理部，项目经理在第一时间通过网络、电话、LED 显示屏等方式向安全管理指挥部和工程参建各方发布警情信息)，同时项目经理下达指令，通知相关监测人员启动应急预案，项目总工会同结构工程师、隧道工程师 15min 内赶到现场，进行现场查勘工作，组织各类监测人员对监测值变化较大的测点区域进行加密观测。

(2) 结构工程师加大对隧道上方区域的建筑物及地表进行巡视工作，密切关注建筑物的安全状态。

(3) 隧道监测组尽可能在隧道内布设拱顶沉降及围岩收敛测点，对隧道围护结构进行变形监测。

(4) 沉降监测组利用已有监测点或临时布设监测点，对隧道上方区域地表及建筑物进行沉降监控。

(5) 综合监测组对周边地下水位、基坑安全状况进行跟踪监测。

(6) 对监测值超过 2 级管理的测点进行加密观测，保证 12h 观测一次；对变形超过 3 级的测点，实行 24h 动态监控，严密监测其发展过程，预测其变化趋势。

(7) 若监测值的变化速率超过监控标准，在第一时间电话通知安全管理指挥部。各类监测信息汇总在 2h 内以书面形式上报指挥部，并配合对现场事态进行分析、预测。

(8) 按规定的频率对事件发生区域持续观测，直到突发事件趋于缓和，安全管理指挥部解除警报，然后恢复正常监测工作。

6.3.4 数值仿真模拟及监控标准的确定

采用了 FLAC^{3D} 对施工过程进行了模拟，将大的施工步序概括为 16 大步，包括中导洞、左侧导洞、左侧主洞、右侧导洞、右侧主洞及其 3 个台阶的开挖及支护。

图 6-3-1 为 K7+545 断面的地表累积沉降与开挖步的关系曲线，其中断面上的位置 0m 位于中导洞正上方，−8.75m、8.75m 分别位于左、右洞正上方。由图 6-3-2 可知，隧道施工引起该断面的地表沉降计算值小于 60mm。而在附近 K7+543 断面地表沉降实测值都大于 60mm，最大值为 82.7mm。结合现场施工情况，分析认为，现场监测成果和数值模拟结果相差较大的原因在于：①隧道开挖后支护时机与数值模拟中的假设有一定的差别，数值模拟中假设支护迅速到位，而在实际开挖后支护到位还需要一段时间，在此期间地表沉降处于一个缓慢、不断下沉的过程；②该区域不时有大型机械设备通过，对地表下沉起一定的促进作用，而这些意外情况是在数值模拟工作中难以考虑的。

图 6-3-2 为各开挖步序所产生的地表沉降量占总沉降量的百分比。图中可见，中导洞开挖 (1~4 步) 产生的沉降量占总沉降量的 20%~30%，先行洞左洞开挖 (5~10 步) 占 40%~50%，后行洞右洞开挖 (11~16 步) 占 20%左右。这同模拟断面

所在的覆盖层只有 9m 有关。

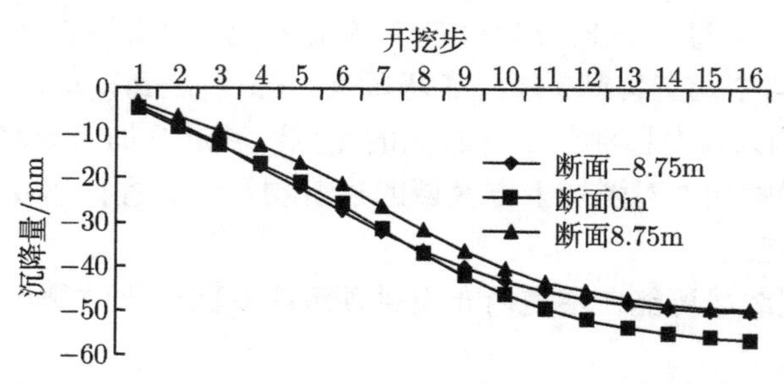

图 6-3-1 K7+545 断面各施工步序产生的累积地表沉降

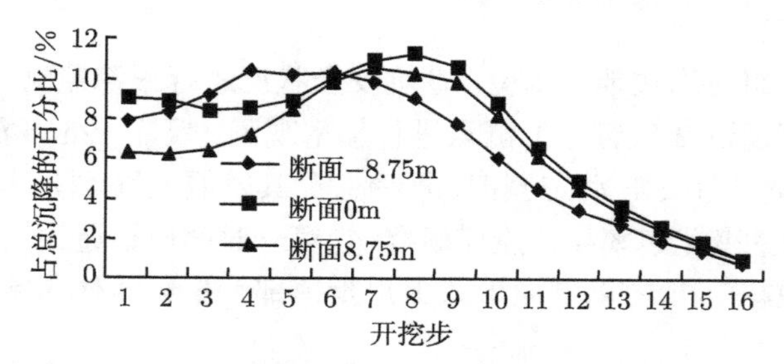

图 6-3-2 K7+545 断面各施工步序产生的地表沉降百分比

根据数值模拟得到的总沉降量，结合工程经验和有关规范，确定了本工程的监控标准；再把每个施工步序所产生的计算沉降量，作为施工各具体步序的控制指标，由此形成了本工程的监控标准，如表 6-3-2、表 6-3-3 所示。其中预警、报警指标是参照相似工程监测经验按极限值的 60%、80%确定。

表 6-3-2 主要监测项目安全控制标准值表

建筑物				地表		隧道拱顶		隧道围岩收敛/mm	建筑物爆破振动速率/(cm/s)	
沉降值/mm	沉降速率/(mm/d)	不均匀沉降/‰	倾斜/‰	沉降值/mm	沉降速率/(mm/d)	沉降值/mm	沉降速率/(mm/d)		砌体结构	钢混结构
30	5	2	4	45	5	80	10	30	0.5	2.0

表 6-3-3 关键施工步序的监测控制指标 (节选)

施工步	地表沉降累积值/mm			拱顶沉降累积值/mm		
	等级 1 (预警)	等级 2 (报警)	等级 3 (极限)	等级 1 (预警)	等级 2 (报警)	等级 3 (极限)
2	2.43	3.24	4.05	4.32	5.76	7.20
5	11.07	14.76	18.45	19.68	26.24	32.80
8	17.28	23.04	28.80	30.72	40.96	51.20
13	27.00	36.00	45.00	48.00	64.00	80.00

6.3.5 现场监测

为了严密监控隧道围岩及支护结构以及周边环境在施工过程中的动态变化，第三方监测单位在本项目中实施了全面、深入的监测项目。根据国家技术标准 [11−13]、工程经验及梧村隧道工程特点，监测内容包括：隧道及周边环境的巡视检查、建筑物、地表道路及管线沉降监测、建筑物裂缝调查与监测、地下水位监测、土体水平位移 (测斜) 监测、土中分层沉降监测、建筑物倾斜监测、拱顶沉降监测、围岩收敛监测、爆破震动监测、支护结构内力监测等。监测频率如表 6-3-4 所示，主要监测断面布置如图 6-3-3 所示。

表 6-3-4 监测频率表

测点编号	测点相对开挖面位置/m	监测频率/(次/d)
1	±10	12
2	10∼30	1
3	30∼60	3 / 7
4	60	(1∼2) / 7

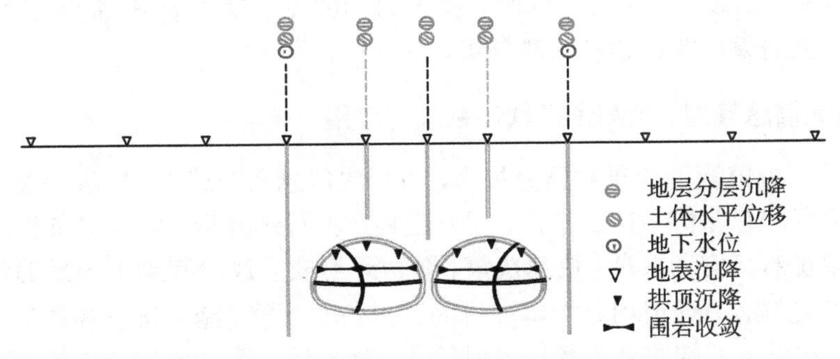

图 6-3-3 监测主断面测点布置示意图

6.3.6 关键建筑物的自动化实时监控

采用精度高、可以连续进行测量的自动化仪器对位于隧道正上方、安全风险比较高的建筑物进行实时监控，如 34、39 号楼。

本项目选用湘银河生产的具有自动化测量功能的 YH—2120A 型静力水准仪，测点按 8∼10 m 的间距成对布置在墙上，用来监测基础的不均匀沉降，若其中一台静力水准仪能置于稳定区域作为基准点时，可以得到测点的绝对沉降。

实时自动化监测系统由传感器、GPRS 通信传输和采集控制模块、处理分析软件构成 (图 6-3-4)，每个采集模块可以顺序采集 128 支传感器，采集间隔时间能自定义，最低为 1。该系统具有远程控制、在线监测、数据分析等功能。能达到 “无人值班，少人值守” 要求，方便监测人员对现场自动化监测系统的不带电状态下的远程实时控制，及时处理突发性事件。

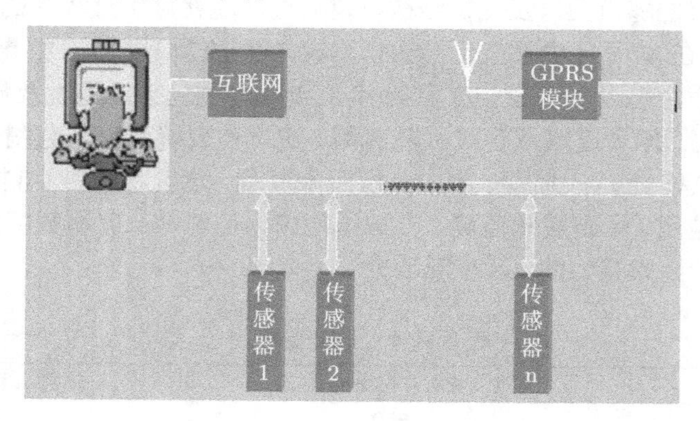

图 6-3-4　自动化监测网络示意图

当监测值超标后处理软件能自动向事先设置的手机号发布报警信息，便于随时掌握建筑物的动态情况；实时监测的数据通过软件传输系统，实时传输给指挥部后方电脑主机上，以便有关各方随时掌握建筑物的安全动态情况。每天提交监测日报，并对监测结果进行评述和预测分析。

6.3.7　监测信息管理、预测预报软件系统的应用

由于第三方监测的成果数据量很大，为加快信息反馈速度，实现快速处理、分析、及时预警，在该项目中应用了第三方监测数据管理分析、信息发布和预警系统软件，为参建部门信息共享、快速决策、防范环境安全风险起到了很好的作用。

该系统能输入、处理和分析本项目的各类监测数据、施工进度和地质资料。系统应用时，在服务器端将监测数据及时输入、处理后，手动或者定时自动进行超限数据分析，系统自动将变化值或者变化速率超过控制标准的测点搜索出来形成报表；同时刷新报警信息并通知联网的客户端电脑，鸣音警示并发布短消息到相关手机。

当客户端电脑开机后软件系统自动运行连接到服务器后，其电脑的桌面背景将被强制刷新成如图 6-3-5 所示的最新的施工状态示意图，从中可以实时掌握施工状态。如有报警信息则将出现鸣音警示和消息提示 (见图 6-3-6)，用户可以通过点击系统托盘的最小化图标进入该软件。在监测点布置图中，测点按预警等级不同会显示相应的颜色 (黄、橙、红) 并在测点布置图中闪烁；可以通过图形–属性关联直接跳转到属性、数据和曲线图 (见图 6-3-7～ 图 6-3-9)；可以随时查阅相关的地质、施工信息，便于印证分析和成因分析；可以及时掌握监控对象安全状态并做出决策。

成功大道一期工程JC3标施工状态示意图

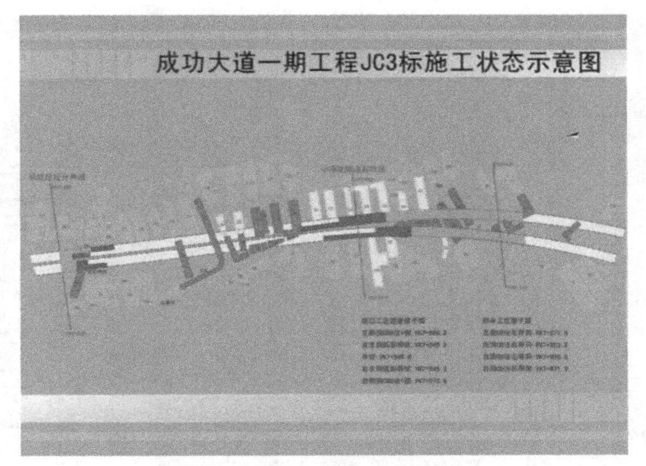

图 6-3-5 客户端电脑桌面背景

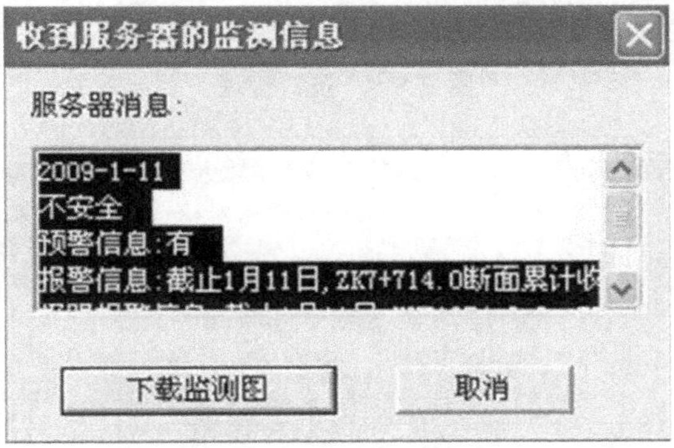

收到服务器的监测信息
服务器消息:
2009-1-11
不安全
预警信息:有
报警信息:截止1月11日,ZK7+714.0断面累计收
下载监测图
取消

图 6-3-6 桌面报警信息

JC3
试验段
ZK7+520
SOLID
0.5mm
105
104
190
试验房屋

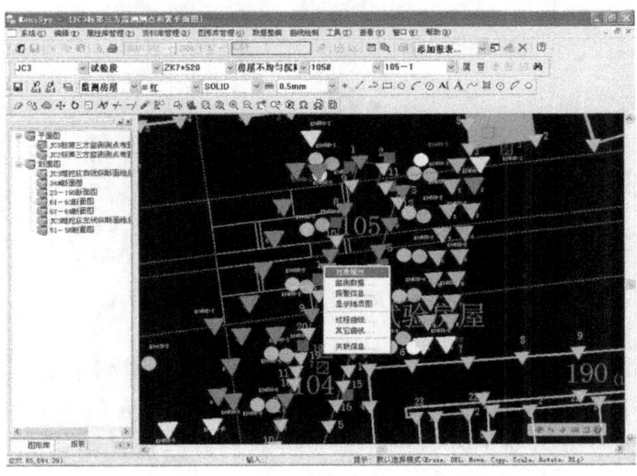

图 6-3-7 图形—属性双向联动 (详见书后彩图)

序号	测点编号	104－1		104－2		104－3		104－4	
	测点标高(m)	13.000		0.000					
	观测时间	高程(m)	累积(mm)	高程(m)	累积(mm)	高程(m)	累积(mm)	高程(m)	累积(mm)
1	007-03-12 00:0	13.9551	0.0000	13.8926	0.0000	13.8082	0.0000	13.9414	0.0000
2	007-04-15 00:0	13.9547	-0.4000	13.8942	1.6000	13.8092	1.0000	13.9421	0.7000
3	007-04-26 00:0	13.9537	-1.4000	13.8928	0.2000	13.8079	-0.3000	13.9411	-0.3000
4	007-04-28 00:0	13.9531	-2.0000	13.8927	0.1000	13.8077	-0.5000	13.9415	0.1000
5	007-05-02 00:0	13.9528	-2.				00	13.9410	-0.4000
6	007-05-04 00:0	13.9531	-2.				00	13.9412	-0.2000
7	007-05-07 00:0	13.9505	-4.				00	13.9402	-1.2000
8	007-05-09 00:0	13.9510	-4.				00	13.9411	-0.3000
9	007-05-11 00:0	13.9512	-3.				00	13.9413	-0.1000
10	007-05-14 00:0	13.9508	-4.				00	13.9404	-1.0000
11	007-05-16 00:0	13.9501	-5.0000	13.8918	-0.8000	13.8066	-1.6000	13.9401	-1.3000
12	007-05-18 00:0	13.9503	-4.8000	13.8922	-0.4000	13.8068	-1.4000	13.9404	-1.0000
13	007-05-21 00:0	13.9501	-5.0000	13.8921	-0.5000	13.8069	-1.3000	13.9406	-0.8000
14	007-05-24 00:0	13.9505	-4.6000	13.8921	-0.5000	13.8068	-1.4000	13.9404	-1.0000
15	007-05-26 00:0	13.9508	-4.3000	13.8929	0.3000	13.8077	-0.5000	13.9412	-0.2000
16	007-05-28 00:0	13.9499	-5.2000	13.8921	-0.5000	13.8069	-1.3000	13.9405	-0.9000
17	007-05-29 00:0	13.9500	-5.1000	13.8922	-0.4000	13.8070	-1.2000	13.9409	-0.5000
18	007-05-30 00:0	13.9505	-4.6000	13.8923	-0.3000	13.8071	-1.1000	13.9407	-0.7000
19	007-05-31 00:0	13.9505	-4.6000	13.8924	-0.2000	13.8071	-1.1000	13.9407	-0.7000
20	007-06-01 00:0	13.9504	-4.7000	13.8926	0.0000	13.8073	-0.9000	13.9407	-0.7000
21	007-06-02 00:0	13.9502	-4.9000	13.8925	-0.1000	13.8072	-1.0000	13.9406	-0.8000
22	007-06-04 00:0	13.9506	-4.5000	13.8923	-0.3000	13.8072	-1.0000	13.9407	-0.7000
23	007-06-05 00:0	13.9512	-3.9000	13.8933	0.7000	13.8078	-0.4000	13.9411	-0.3000
24	007-06-06 00:0	13.9509	-4.2000	13.8926	0.0000	13.8074	-0.8000	13.9406	-0.8000
25	007-06-07 00:0	13.9503	-4.8000	13.8920	-0.6000	13.8068	-1.4000	13.9395	-1.9000
26	007-06-11 00:0	13.9513	-3.8000			13.8077	-0.5000	13.9408	-0.6000
27	007-06-12 00:0	13.9514	-3.7000					13.9404	-1.0000
28	007-06-13 00:0	13.9512	-3.9000			13.8072	-1.0000		

图 6-3-8　资料管理

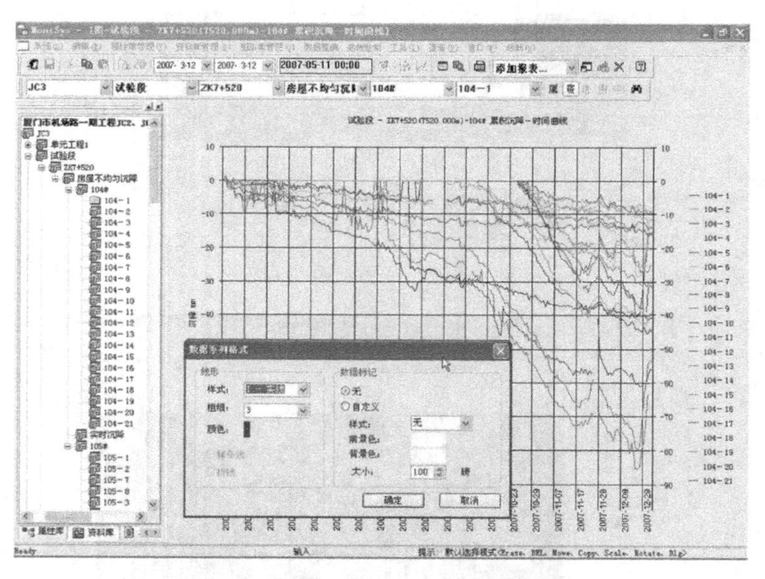

图 6-3-9　时序曲线 (详见书后彩图)

在现场指挥部办公区安装了大型 LED 显示屏，将监测情况、施工进度情况、报警信息以及项目介绍等进行动态播放，便于工程参建人员随时获得工程进展信息 (图 6-3-10)。如图中出现了红灯警示，表明施工现场及其影响区域存在监测值大于报警值的情况。

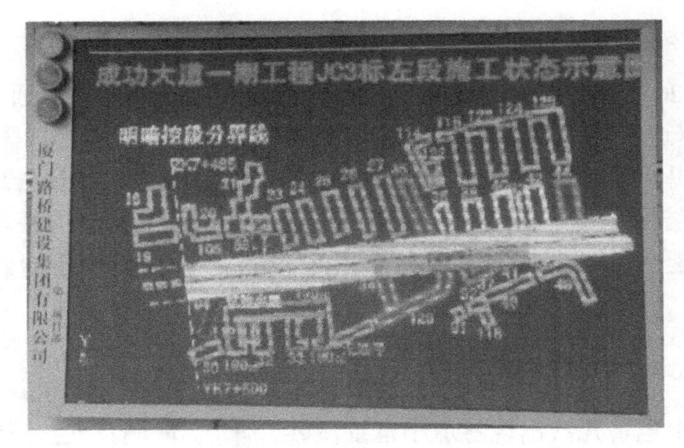

图 6-3-10 监测信息显示板 (详见书后彩图)

6.3.8 施工控制技术措施

本工程隧道按 CRD 法施工，并采用了止水及控制沉降来减小面临的主要风险。

6.3.8.1 止水、预加固和抬升注浆措施

关键建筑物在隧道下穿之前，采取全断面帷幕注浆加固隧道围岩，在建筑物周边采取帷幕注浆止水，以减少失水造成的固结沉降，同时在建筑物周围开阔处布置注浆孔，通过基底注浆提高地基承载力，并根据监测资料在隧道下穿期间进行动态抬升注浆来抵消建筑物沉降，使其最终沉降和不均匀沉降处于受控范围内。

在地面不具备施工注浆孔条件的区域，采用从洞内施工 R51 自进式锚杆向上注浆的方式对建筑物进行补偿注浆。

在隧道初期支护完成后及时进行初支背后回填注浆，防止围岩松动圈进一步扩大而引起地层进一步沉降。

在围岩裂隙水发育地段进行堵水注浆，以减小隧道长期漏水引起上方杂填土层、注浆范围为隧道开挖轮廓线外 4.5m。

6.3.8.2 隧道开挖、支护关键技术措施

以微台阶、短进尺、及时初喷封闭围岩为隧道开挖原则，确保开挖完毕后初支快速安装并封闭成环。保证钢拱架拱脚下土体密实，及时抽排渗水，以避免拱脚遭受水泡出现软化，对钢拱架设置锁脚锚杆 (管)。在临时仰拱承载力不足时，采用基底小导管注浆加固地基。同时，要求二次衬砌及时跟进，在二次衬砌仰拱施做时再拆除临时支撑。

6.3.9 实施情况

本隧道自 2007 年 2 月 12 日开工，左洞于 2009 年 2 月 4 日贯通，右洞于 2009 年 7 月 8 日贯通，共历时 878d。在施工期间，安全风险管理部门采集了 140 万个监测数据，提交了警报 70 期，专题报告 25 期以及其他各类报告近 500 期，对保障隧道自身结构和周边环境的安全起到了重要的作用。提交的警报分别涉及爆破振动速度、建筑物不均匀沉降、地表沉降、隧道拱顶沉降和围岩收敛超过控制标准。

6.3.9.1 隧道工程险情及处置

施工过程中也曾几次出现隧道小范围流砂、涌水、坍塌及支护裂缝等险情，但在安全风险管理部门的精心领导下，都得到及时妥善的解决，未出现一起伤亡事故。典型事例发生在 2007 年 12 月 7 日晚，隧道右线 K7+883 里程附近掌子面出现坍塌 (图 6-3-11)，施工方随即采取了封闭掌子面、反压坡脚、对塌腔回填注浆等应对措施。考虑到隧道上方建筑物林立的情况，业主召集工程参建各方开现场办公会，同时通报当地有关部门，并疏散影响区域的人员。第三方监测单位根据应急预案对隧道施工影响区域进行跟踪监测，工程参建各方均安排人员加强巡视，就事态发展不定时进行沟通。从监测资料看，事发后 7h 内的地表沉降速率最大值约为 6.7mm/d，超过了控制标准极限值 (5mm/d)；次日下午地表沉降速率大大减缓，最大值为 1.10mm/d，少数测点出现上抬现象，最大值为 4.27mm/d，这表明隧道内注浆充填塌腔取得明显效果；第 3 天地表沉降速率都在 0.9mm/d 以内，这表明隧道出现坍塌后的施工风险得到有效控制。

图 6-3-11 隧道右线掌子面出现塌方

从隧道施工起至竣工后半年期间，地面影响范围内的 95 栋建筑物均未出现结构性损坏，房屋的安全得到了有效的保障。

6.3.9.2 基坑工程险情及处置

2008 年 6 月 14 日凌晨，大暴雨造成 K6+646~746 里程左侧边坡发生较大范围塌方 (图 6-3-12)，对上方油库道路和边坡下方施工造成险情。

图 6-3-12 边坡滑塌

分析认为，边坡出现滑塌的原因可能在于支护措施和设计参数值的选取有不当之处。由于长期采用钻爆法开挖石方，在爆破动荷载的反复作用下，边坡地层材料力学参数遭到弱化，在大暴雨条件下将进一步弱化边坡地层材料力学参数并诱发滑塌，仅仅依靠放坡和喷浆保护坡面的措施不足以保障边坡稳定。

针对边坡滑塌险情，工程指挥部随即布置了削坡、清除危岩、挂网喷锚等治理措施，要求加快隧道主体结构施工进度，并加强监测工作。在隧道主体结构浇筑通过该区域的近三个月跟踪监测中，边坡顶部水平位移测点的位移没有出现突变的情况，最大位移值为 13mm，边坡处于稳定状态。

6.3.10 总结

在当前城市隧道施工反馈及安全风险管理工作中，梧村隧道工程前所未有的集成了众多先进技术并应用于现场施工中去，并按照 ISO9001 质量认证体系要求，建立了一个完善、高效的运作体系，具有鲜明的信息化施工特色。

(1) 梧村隧道工程实践表明：对于复杂地质条件和施工环境下的大型隧道工程，采用全方位、多层次的技术措施进行研究是非常必要的，有利于加强施工风险管理，保障工程顺利进行。

(2) 梧村隧道工程注重于监控量测技术，采用常规监测与自动化监测相结合的手段，现场监测隧道施工对周边环境以及隧道自身结构的影响。

(3) 制定了完善的安全风险管理和应急事件处理措施，通过监测信息对施工进行了精细化管理与控制。

(4) 梧村隧道工程侧重于监控反馈分析工作，具有鲜明的信息化特色。首先，结合工程经验、规范和数值模拟综合确定监测控制指标，对隧道本身及周边环境特别是建筑物实施了全面细致的监测，对关键的建筑物采取 24h 不间断自动化监测；其次，制订了监测工作三级管理制度和预警方案，建立了网络化的监测信息管理、预测预报及险情发布系统，使工程参建各方及时共享施工状态及安全信息。

参考文献

[1] 二滩水电开发有限责任公司. 岩土工程安全监测手册. 北京: 中国水利水电出版社, 1999.

[2] 王梦恕. 隧道工程浅埋暗挖法施工要点. 隧道建设, 2006, 26(5): 1–4.

[3] 王思敬. 中国岩石力学与工程世纪成就. 南京: 河海大学出版社, 2004, 9.

[4] 吴中如. 中国大坝的安全和管理. 中国工程科学, 2000, 2(6): 36–39.

[5] 林宗元. 岩土工程试验监测手册. 北京: 建筑工业出版社, 2005, 10.

[6] 田胜利. 隧道及地下空间结构变形的数字化摄影测量与监测数据处理新技术研究. 上海交通大学学位论文, 2005, 7.

[7] 吴中如, 朱伯芳. 三峡水工建筑物安全监测与反馈设计. 北京: 中国水利水电出版社, 1999.

[8] 朱鸿鹄, 施斌. 地质和岩土工程光电传感监测研究进展及趋势 —— 第五届 OSMG 国际论坛综述. 工程地质学报, 2015, 23(2): 352–360.

[9] 李天子, 郭辉. 多基线近景摄影测量的平面地表变形监测. 辽宁工程技术大学学报 (自然科学版), 2013, 32(8): 1098–1102.

[10] 贺跃光, 杜年春, 李志伟. 基于 WEBGIS 的城市地铁施工监测信息管理系统研究. 岩王力学, 2009, 01: 265–269.

[11] 王永明, 李明峰, 檀丁, 梁新华, 徐燕. 南京地区建筑基坑变形预警与安全监控系统. 王木工程学报, 2015, S2: 143–147.

[12] Wang H, Qin W M and Jiao Y Y. Stability assessment for highway with large-span box culvert jacking underneath: A case study. Canadian Geotechnical Journal, 2013, 50(6): 585–594.

[13] Qin W M, Wang H. Application research of informationizing technique for monitoring in tunnel engineering. 2010 Second International Conference on Wireless Networks and Information Systems, Chongqing, 2010. Vol(II): 323–326.

[14] 王浩, 覃卫民, 焦玉勇. 浅埋大跨隧道下穿建筑物群的施工期安全风险管理. 中国岩石力学与工程学会工程安全与防护分会. 第 2 届全国工程安全与防护学术会议论文集 (上册). 中国岩石力学与工程学会工程安全与防护分会, 2010: 6.

[15] 覃卫民, 赵荣生, 王浩, 孔文涛. 浅埋大跨隧道下穿建筑物的安全影响研究. 岩石力学与工程学报, 2010, (S2): 3762–3768.

[16] 覃卫民, 李祺, 任伟中, 梁超, 杨育. 复杂结构形式隧道的围岩位移监测分析. 岩石力学与工程学报, 2010, (03): 549–557.

[17] 覃卫民, 逄铁铮, 王浩, 孔文涛. 深基坑附近房屋出现裂缝的施工监测分析. 岩石力学与工程学报, 2009, 28(3): 533–540.

[18] 覃卫民, 楚斌, 龙立志. 大断面箱涵下穿高速公路过程的施工监测分析. 岩石力学与工程学

报, 2009, 28(9): 1790–1797.
[19] 杨平, 覃卫民, 杨育, 王涛. 密集建筑群下大断面隧道施工反馈分析及安全性控制研究. 岩石力学与工程学报, 2010, (04): 795–803.
[20] 逄铁铮, 方勇生, 覃卫民. 厦门梧村隧道明挖深基坑施工监测分析. 岩石力学与工程学报, 2013, (S1): 2751–2757.
[21] 武汉中科岩土工程有限责任公司. 厦门市轨道交通 1 号线一期工程中山公园站第三方监测方案, 2014.
[22] 武汉中科岩土工程有限责任公司. 厦门市轨道交通 1 号线一期工程城市广场站 ~ 塘边站区间隧道第三方监测方案, 2014.
[23] 中国科学院武汉岩土力学研究所. 矿坑生态修复利用工程长沙冰雪世界边坡加固专项设计施工图设计, 2016.
[24] 覃卫民, 孙役, 陈润发, 王浩, 葛修润. 全站仪和滑动测微计在水布垭地下厂房监测中的应用. 岩土力学, 2008, 28(2), 557–561.
[25] 《城市轨道交通工程监测技术规范》GB50911—2013.
[26] 《建筑基坑工程监测技术规范》GB50497—2009.
[27] 《尾矿库在线安全监测系统工程技术规范》GB51108—2015.
[28] 《土石坝安全监测技术规范》SL551—2012.
[29] 《混凝土坝安全监测技术规范》SL601—2013.
[30] 《大坝安全监测仪器检验测试规程》SL530—2012.
[31] 《水工建筑物强震动安全监测技术规范》SL486—2011.
[32] 《铁路隧道监控量测技术规程》TB10121—2007.
[33] 《崩塌、滑坡、泥石流监测规范》DZ/T0221—2006.
[34] 《地铁工程监控量测技术规程》DB11/490—2007.
[35] 《工程测量规范》GB50026—2007.

彩　　图

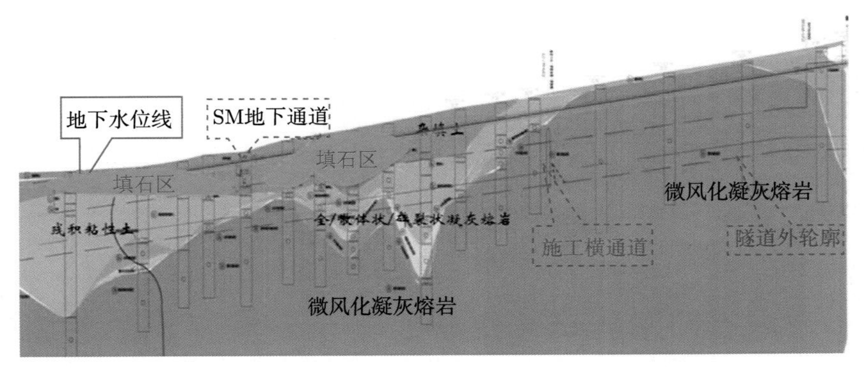

图 3-3-2　城市广场站 ～ 塘边站区间右线地质剖面图

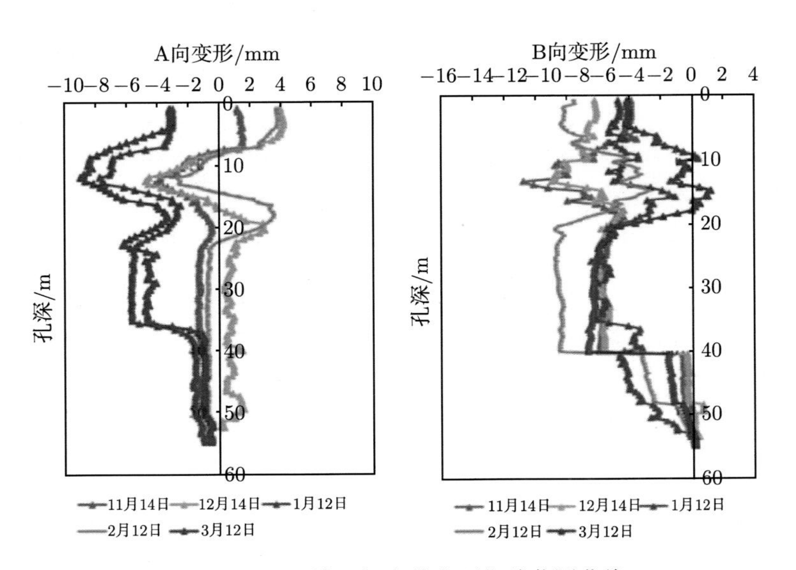

图 4-5-1　滑坡深部土体水平位移监测曲线

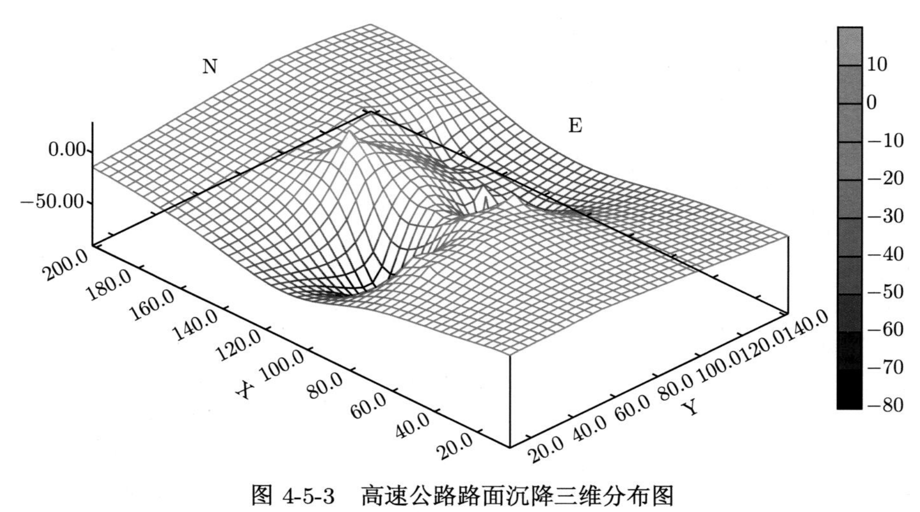

图 4-5-3　高速公路路面沉降三维分布图

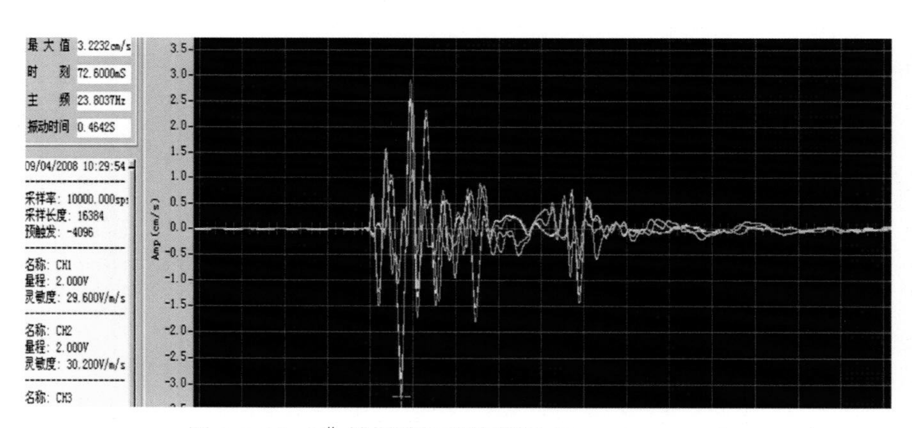

图 6-2-14　7# 楼爆破振动波形图 (20080409-10:29)